拒绝力

不做不懂拒绝的老好人

舒湄 · 著

中国纺织出版社

内 容 提 要

无私和善良都是美好的品行，但毫无原则的与人为善，就可能丧失拒绝力。明明不想答应，却碍于世俗和面子，违心地接受，给自己带来无穷无尽的烦恼和委屈。面对不合理的请求，拒绝是对自己的尊重，也是在设立自己的界限；你必须先有自己的界限，别人才会知道你的底线。我们是需要做一个好人，但绝不能做没有底线、不懂拒绝的“老好人”。

图书在版编目（CIP）数据

拒绝力：不做不懂拒绝的老好人 / 舒湄著. —北京：中国纺织出版社，2019.5

ISBN 978-7-5180-5924-9

Ⅰ.①拒…　Ⅱ.①舒…　Ⅲ.①人生哲学—通俗读物　Ⅳ.①B821-49

中国版本图书馆CIP数据核字（2019）第020371号

策划编辑：郝珊珊　　责任印制：储志伟

中国纺织出版社出版发行

地址：北京市朝阳区百子湾东里A407号楼　邮政编码：100124

销售电话：010—67004422　传真：010—87155801

http：//www.c-textilep.com

E-mail：faxing@c-textilep.com

中国纺织出版社天猫旗舰店

官方微博http：//weibo.com/2119887771

三河市延风印装有限公司印刷　各地新华书店经销

2019年5月第1版第1次印刷

开本：710×1000　1/16　印张：13

字数：113千字　定价：42.80元

序　言

日本有位教授曾发出过这样的感慨："央求人固然是一件难事，而当别人央求你，你又不得不拒绝的时候，亦是叫人头痛万分的。因为每一个人都有自尊心，希望得到别人的重视，同时我们也不希望别人不愉快，因而也就难说出拒绝的话了。"

简短的一段话，道出了太多人的心声。也许是天性使然，心软和面子可谓是我们在人际交往中的"软肋"。面对他人提出的不合理要求，或是自己不愿意接受的事，如果拒绝别人，担心会伤了彼此的情谊；可若不拒绝，为了息事宁人强忍着，又实在委屈了自己。对许多女人来说，遇到需要拒绝别人的事情，就陷入到无尽的纠结之中。

为什么我们如此害怕说"不"呢?

无外乎两点原因：一是怕伤害对方，二是怕拒绝别人之后不再被欢迎。那么，不拒绝他人、凡事有求必应，就能避免这两种结局吗？答案依然是否定的。

要知道，把自己不喜欢、做不来的事应承下来，弄得筋疲力尽之后，让对方的期待落空，才是破坏彼此关系的大敌。有求必应，不懂拒绝，是对自己需求的忽视，你连自己都不尊重，还如何指望他人尊重你？况且，不管你怎么做，都会有人不满意，哪怕是竭尽全力，也无法避免偶尔出现“不受欢迎”的局面。

想做个有求必应的“老好人”并不容易，人们的要求永无止境，往往是合理的、悖理的并存，如果当面你不好意思说“不”，轻易承诺了自己无法履行的职责，会给自己带来更大的麻烦和困难。助人为乐是一种美好的品行，可当自己力不从心、无法满足他人的请求时，就不要违背内心、为难自己。

卓别林说过一句话：“学会说‘不’吧，那样你的生活将会好得多。”

我们的一生都是在不断拒绝中度过的，无论说话还是做事，有选择就必然会有放弃和拒绝。在面对别人提出的不合理要求时，拒绝是对自己的尊重，也是自己的权利，不必为此感到愧疚和亏欠。只是拒绝不代表一定要直来直去地说“不”，处理问题需要技巧和智慧。

翻开这本书吧！它会告诉你：如何告别不懂拒绝的“老好人”状态，如何温和而坚定地表达自己真实的想法，如何利用心理、环境等条件，有效地提升拒绝力，最终获得从容的、自由的、有界限的人生。

目 录

第 1 章

迷思：当你不敢拒绝别人时，你在想些什么

就这样拒绝，会不会伤了对方的心

拒绝，看起来很简单的两个字，却是多少人的致命软肋。

Jessica是个好说话的姑娘，周围人都说她善解人意，可这个好姑娘，活得一点也不开心，经常会陷入纠结矛盾中，面对“两个我”的内战。

内在我：“为什么要答应朋友的邀约？周末分明已经有安排了。”

现实我：“她难得约我一次，不去不太好吧？”

内在我：“你也难得有个清闲的周末，可以安心地休息一下，在家读两本书。”

现实我：“如果我拒绝了，她会不会失望？会不会伤害我们之间的情谊？”

Jessica不敢作出拒绝的决定，依靠的不是理性的分析，而是出于害怕伤害朋友的心理。为了保证朋友不受伤害，她就只好委曲求全，选择答应，把痛苦留给自己。如果她拒绝了朋友的邀约，结果究竟会不会有她想得那么严重呢？事实上，这结果完全是她内心的投射。

不好意思拒绝别人而委屈一下自己，一次可以，两次也无妨，毕竟人活一辈子，难免要受点委屈。可是，若要长期如此，用这样的姿态面对所有人，人生会变成什么样呢？轻则，没有自主能力，不管做什么都要依赖他人；重则，产生严重的心理问题，例如抑郁或躁狂。到头来，受到伤害的只有自己。

乌小鱼有一幅刷爆网络的心理漫画，标题叫作——为什么你会不敢拒绝别人？这幅画适用于所有出于怕对方难过失望而不敢拒绝的群体，因为它告诉了你从未思考过的——真相。

（以下是漫画《为什么你会不敢拒绝别人》的对白，略有改动。）

“星期天还在加班呀？”

“是呀，可烦了！我的前任老板，请我帮忙策划一个紧急项目，这项目不是我喜欢的类型，可我又不好意思拒绝他……他那么欣赏我、信任我，以前待我也不薄。难道，我不该回报他吗？可是，我的假期计划又要泡汤了，好纠结啊！”

“噢，除了你之外，没有别人可以做了吗？如果你拒绝了，会怎么样？”

“对方会很失望。”

“对方失望了会怎样？”

“我会难受，内疚。”

“那你以前有过类似的感受吗？”

“有……（催眠状态中）我想起小时候的一件事。我看到一堵墙，隔开我和妈妈。她在客厅，我在卧室，我不肯背单词，妈妈很生气……”

“把当时的感受说出来好吗？”

“我好内疚，我惹妈妈生气了，妈妈很伤心。我感受到妈妈很无助，她有许多压抑的苦，妈妈过得并不开心。”

“（片刻后）现在感觉怎么样？”

“胸口没那么堵了。”

“和妈妈说出你真实的想法，好吗？”

“妈妈，我知道你很生气，很难过。可是，我现在不想背英语单词，等我想背了再背，好吗？妈妈，请你尊重我，理解我，好吗？”

“再多说几遍吧。”

“……（催眠状态中）妈妈同意了，她说，改天再背吧！我和妈妈都平静了下来。我突然清晰地感受到，妈妈的难受，不是因为我。她本来内心就有许多痛苦和无助。”

“好的，恭喜你，看清了真相。”

“（睁开眼，回到现实中）我决定，还是明确地拒绝前老板，并告诉他真正的原因吧。”

这幅漫画的内容，是否碰触到了你的某一根敏感神经？亦或者让你对拒绝他人这件事，产生了新的认识和看法？有触动的话，就意味着有改变的可能，这是一件好事。

我们应当清楚一件事：有时，就算我们的拒绝是合理的，对方也难免会生气，可这不是我们的错。面对这样的情形，不必有太多的内疚。

有些人难过，是因为这种拒绝的情境，让他重新体验到成长过程中的某种痛苦，而那不是你造成的；有些人难过，是因为他们本身缺乏同理心，无法设身处地地为你着想。如果有一天，当他们真正长大和成熟（心理上的），再回想起这些事，对你的怨言自然会烟消云散。

委屈一下没关系，胜过被人说“不好”

夜晚，一位愤世嫉俗的青年拜访了哲人的小屋。

他听说哲人主张“世界极其简单，人人都可以获得幸福”，就决心当面推翻这一谬论。

世界一片混乱，像他一样烦恼和痛苦的人随处可见，得到幸福哪里容易？

哲人却告诉他一个道理：“一切的烦恼都来自人际关系，所谓的自由，就是被人讨厌。”

青年不解：“这怎么可能？怎么会有人想要被人讨厌？”

……

上述的这一情节，是日本作家岸见一郎和古贺史健合著的书籍《被讨厌的勇气》的内容简介。短短的一番话，已足够引人深思。回顾过去的人生：你是否总是小心翼翼地讨好着身边的人？你的成功是以害怕被他人讨厌换来的吗？如果是的话，你过往的岁月，你所得的荣耀，不过都是在为他人活而已。

Susan是公司里的销售主管，也是公认的楷模：她上有年迈的父母，下有读小学的孩子，背着上百万的房贷，还有监管十几个下属。追求生活品质的她，不管多忙多累，周末还要亲自下厨，准备丰盛的家庭餐。

在外人看来，活得如此丰富的Susan，当算是人生赢家。可没有人知道，Susan每周一的晚上，都会约见心理咨询师。唯有在那个地方，她才能卸下所有，说出真实的感受。

Susan："我觉得自己压力好大，甚至已经不记得，最后一次说'不'是什么时候了。不是我不想说，是我不敢说，我处在这个位置，拒绝不仅会影响人际关系，还可能引发一系列的问题。"

咨询师："会出现什么问题呢？"

Susan："孩子小，拒绝他，会影响他的成长；工作更不用说，领导交给我的任务，我没有办法说'不'；下属提出的请求，基本上都是合理的，我也没办法回绝。我觉得，自己每天都活在聚光灯下，没有自由。"

咨询师："你这么努力，且很少拒绝的目的是什么？"

Susan："……可能，是我需要所有人的肯定。我家的条件不好，我很努力、很努力才走到今天。我不敢拒绝别人，一是为了证明自己的价值，二是为了维护现在的位置。"

答案已经很明显了，Susan最大的困惑不在于如何拒绝，而是她太在意周围人的评价，心甘情愿地活在别人为自己设定的生活中。对她这样一个驰骋职场的女精英来说，掌握拒绝的语言技巧绝对不是问题，可因为自我设定的偏移，让她陷入到痛苦中难以自拔。

Susan的家庭条件不好，这也可能会导致她的自卑，继而让她不敢拒绝。许多成功人士也有类似的问题，早年的经历致使成年后过分追求所谓的成功和评价，刻意将自己“绑架”，用圣人的标准要求自己，表面看起来风光无限，私底下却承受着痛苦的煎熬。

有句话说：“地球离了谁都转。”像Susan这样的情况，不妨在某段时间向领导提出暂时放开权力，做一个普通员工去观察整个团队。此时，往往就会意识到：尽管自己很重要，但短暂的消失，并不会完全影响团队的运转，而那些过去觉得无法拒绝的问题，实际上也不是完全如此。用另外的方法，也可以达到目的，并且处理方式更加合理。

总而言之，尊重不是讨来的。自尊心的建立在于自身的能力，而非别人的肯定。说出不一样的看法，而不是机械地服从，也是证明自我能力的一种方式。当我们能够放松下来，不再那么在意他人的评价时，也就有了敢于拒绝他人的勇气。

心里明明很介意，却羞怯得开不了口

什么样的人，最不好意思拒绝别人的请求？毫无疑问，就是性格内向、容易羞怯的人。

内向的人不太擅长交际，也不爱多言，他们说出来的拒绝，总是给人一种软弱无力之感，听起来信服度一点也不高。更多的内向者，即便内心已经十分拧巴，把真实的想法默念了100遍，可到了嘴边依然开不了口。

在即将举行婚礼之际，新娘Lucy突然提出了取消婚约，和新郎分手。得知消息的亲友们，都感到很惊愕，不知道发生了什么？Lucy心里很清楚，发生这样状况着实让家人尴尬，可她实在顾不得面子了，毕竟这是自己的人生大事，不能无视那些已经暴露端倪的大问题。

Lucy取消婚约的原因，是她无法忍受K的懦弱性格。K从事程序员工作，接触的人不多，性格内向，许多事情都习惯让Lucy拿主意，Lucy起初认为这是K对自己的尊重，但因为预定婚礼现场的事，她却发现这个男人“太窝囊”。

他们原本决定，订婚后就去办理结婚手续，三个月后举行婚礼，并通过婚庆公司预定了一家五星级的酒店。Lucy临时出差去国外，就将这件事交给了K来处理。可没想到，酒店因为当月临时有其他任务，不得不取消他们的婚礼。按理说，婚庆公司只要给他们换一家同级别的酒店，并说明情况，也不是什么难解决的问题，没想到他们却擅作主张，把酒店换成了一家四星级的。K虽然得到了通知，内心也很生气，可他只是轻描淡写地说了一句："这也太过分了"，然后就没有再追究。

Lucy在国外出差，事情繁杂，K不想影响她的工作，也就没有告诉她。等Lucy回来后，得知情况后，勃然大怒。她问K："为什么你当时不回绝？现在离婚期还不到2个月，再换婚庆公司也来不及了，你为什么当时不问问我？"

K低声地说："我觉得这样也行，不是什么要紧的事，就不想让你分心。"

Lucy更生气了，问道："那什么才是要紧的事？"说完，她就打电话给婚庆公司，对方给出的回答是："当时K已经口头答应了，而且他们也跟酒店预定好了，就算是取消的话，定金也是不退的。"

听完这些，Lucy当即决定取消婚约。可让她没想到的是，虽然K很难过，可他却连一句"我不同意取消婚约"的话都没说。为此，Lucy哭了好几天，她也舍不得这段感情，可这个男人的处事作风实在让她失望，不知道今后在一起生活会是什么样？K的懦弱性格已经形成，要改也不是那么容易的事。长痛不如短痛，与其到那时后悔，还不如现在忍痛分开。

K不晓得婚庆公司的做法太过分了吗？当然不是，他心知肚明，只是碍于内向和羞怯，不好意思开口去争讨本属于自己的利益。这样此类人处理问题的一贯作风，哪怕知道一件事已经出现了很大的纰漏，也会因为各种心理原因的纠结，把准备好的话咽在肚子里。

性格的内外向，不存在好坏之分，你可以保持内向的性格，但一定要明白：内向不等于怯懦，要克服羞怯的短板。

有些人羞怯，是因为自尊心太强，担心在众人面前说话，会暴露自己的弱点和短处，因而干脆三缄其口。其实，这都是自我制造的阴影，一定要强迫在生活和工作中自己表明态度，哪怕别人不采纳，也要坚持发言，一旦你的想法被认可或采纳后，自尊心就不会因为羞怯而扭曲，也会带给人想要表达的勇气。

还有些羞怯的人，一方面是心理因素不好意思说，另一方面是不知道如何组织语言完整地表达出自己的意思，两者叠加起来，就形成了恶性循环。要阻止这样的情况发生，就必须培养自己的表达能力，积极一些，大胆一些，时间久了，就会从量变中看到质变。

低价值感的折磨，没勇气拒绝任何人

心理学研究发现，婴儿有一种全能的自恋感，他会认为，全世界都是围绕着自己转的，一切都跟自己有关。别人开心，他会觉得是自己带来的；别人难过，他也觉得是自己导致的。可以这样说，我们从很小的时候起，就已经认定一些事情是自己的责任和过错了。

每次提到“家”这个字，M都会深吸一口气。在她的记忆中，“家”是跟难过联结在一起的。读初中时，父亲突然失业，家里的经济状况一下子变得很拮据，父亲四处找工作都没有着落，自此开始借酒消愁。染上酗酒的毛病后，父亲的脾气变得很坏，家里的氛围总是很紧张，让人透不过气。

M目睹着家里发生一切，却要故意装成什么都不知道、没看见的样子。她努力学习，心里总想着：“要是我能更懂事、学习更好、每次都考第一，父母就会高兴，家里的问题就能解决，都是我不够好……”

请注意，当一个人心里这样的暗自发誓，就证明他已经在归罪自责了，原因是他想对这一切负责。此时，负罪感和低价值感开始形成，并且会让人经常无意识地陷入到帮助和拯救他人的思维中去。

以M为例，除非她能保证一辈子都成功，不会遇到任何层面和意义上的失败、挫折、批评，不然的话，那些东西对她而言，就是巨大的灾难。它们会直接或间接地导致M的自尊心被打击，感觉自己不如别人。有了这样的想法后，在感觉自己不好的时候，内心会想："如果有人喜欢我、认可我，那是多看得起我啊！"

低价值感的人，会非常渴望别人的接纳，用"受欢迎""被喜欢"的形式，来证明自己是好的。他们会认为，只有自己能给别人带来好处，才能够被喜欢。试问：自认为没有价值，生怕别人不喜欢自己，又如何敢拒绝别人、对别人说不呢？

公司经理安排John到外地的施工现场出差，时间在半年左右。谁都知道，出差是一件辛苦事，并且此次项目的施工地非常偏僻，条件异常艰苦。然而，经理只提出出差的要求，却对加薪之事只字未提。John心里有两个想法：要么拒绝出差的安排，要么提出加薪的请求。可惜，这两个想法在他心里翻腾了半天，一个也没有说出口。

分析John的心理状态，很容易就能解开"他为何不敢开口"的谜底：他害怕拒绝出差的要求，会让经理大失所望，认为他不是一个有担当的人；他害怕提出加薪的要求，被经理回绝。这两点对他而言都是致命伤，会触及内心最脆弱的地方——自我价值感低！

其实，在尚未开口提出加薪的诉求之前，已经有一个声音和画面在

John的脑海中出现：“也不看看自己几斤几两，事情还没有做就提出加薪？你的工作业绩呢？你有什么资格提出加薪？”这是最让John害怕的地方。就算他之前对公司作出过巨大贡献，他也认为不值一提，别人比自己更厉害、更有价值。

低价值感的人，听不见自己内心深处的声音，把让别人高兴当成自己的宿命。就算听到了内心的呐喊：“我真的很累，不想做这件事”，也不去理会，反倒对自己更加鄙视和严苛。因为不敢让别人失望，害怕不被人喜欢，他们就会变得敏感，去猜测别人的想法，以及别人对自己的态度，过度解读他人的表情、眼神，看到别人不高兴，就把问题归咎到自己身上。

至此，你可能也明白了，想要有拒绝他人的勇气，前提是先建立自信，为自己树立界限，睁开眼睛去看看那个叫作“恐惧”的怪物。知道低价值感的起源，知道为何自己害怕拒绝，看到自己之前所承受的重担和束缚，用悲悯和爱护去替代对自己的苛责与谩骂，内心的冰山就会慢慢溶解。

放不下虚荣的面子，宁肯打肿脸充胖子

妻子：“是不是××又找你借钱了？”

丈夫：“哎，他家里遇到事情了，着急用钱。”

妻子：“你借给他多少钱？”

丈夫：“借了3万。”

妻子：“家里备用的现金就只剩下1万了，到哪儿钱借给他？”

丈夫：“我帮他找N借了2.5万，从家里拿了5000。”

妻子：“你到底怎么想的？没有钱就不要借了，谁都有自己的难处。”

丈夫：“都是朋友，求到你头上了，怎么好意思拒绝？”

上面的情景经常会在生活中上演，朋友来借钱，自己没有财力，怕被朋友看不起，宁愿从其他地方借钱给对方，也不肯开口回绝。等到自己急用钱时，或是“债主”找上门时，又不好意思向那位欠钱的朋友要账，只好自己背着。这样的人，完全是被虚荣束缚住了，宁肯自己受罪或遭受损失，也不愿意拒绝，总觉得拒绝是无能的表现。

这种热情和诚恳的品性，为朋友两肋插刀的做法，固然令人敬佩，但这种行为却不值得提倡。特别是在自己不具备那份实力的情况下，对

于朋友的期望依然有求必应，这不是一个成熟之人该有的行为。

S是个热心肠的人，唯一的毛病就是太爱面子了。不久前，身为私企老板的H找到S，两人是旧相识，但近两年都只是通过网络联系，没怎么见过面。H希望跟一家酒店商谈，作为自己的合作定点招待，而他知道S在这家酒店工作，自然就想到找他帮忙。

不过，H根本不知道，S早在年初就因为跟领导出现摩擦，已经离开了那家酒店。可看到H为此事专门设宴招待自己，加之喝了点酒，S就拍着胸脯说："这事儿包在我身上了。"

H不希望S为难，特意说明："千万不要勉强，我们是新公司，谈判的主动权不多，实在不好做。你不要为难，有什么问题就直接跟我说，不行的话，咱们再想其他办法。"

听到H这么说，S反倒更觉得要维护自己的形象了，他说："我怎么也是这行里的人，这事你就放心吧。"

第二天，为了H的事，S开始忙活起来。不难猜到，一个已经离职的员工，加之跟领导发生过摩擦，怎么可能跟原单位保持密切的关系呢？转眼，半个月的时间就过去了，S这边没有任何进展。

等待消息的H自然也很着急，他打电话询问情况，并一再强调：如果不好办的话，就不要麻烦了。可S却觉得，如果这个时候承认自己办不了，无疑就太丢面了，他还是硬撑着，说自己能办到。可是，下一步该怎么进行呢？S也很迷茫。

几天后，S的一个老同事告诉他：酒店可以跟H签约，这么小的合作商，不需要总经理亲自出面，他全权代理即可。S听到这个消息后，非常兴奋，立刻就通知了H。之后，H就跟S的前同事签订了合同，并交付了一年的服务费。当天晚上，H邀请众多的朋友，多次称赞S办事靠谱。此时，S依然没有告诉H，他已经不在那家酒店上班了。

签完约的H，三天后就带着合同去酒店商谈生意，结果却被告知：公司有明确规定，对于企业客户，必须由总经理亲自签署合同，他的这份合同是假的，且跟他签约的那个人，上个月刚刚离职。至于S，更是在半年前就已经离职了。

H一下子就懵了，赶紧联系S的老同事，结果却找不到人。情急之下，H只好把S以及他的那位同事起诉到法院，称他们合伙诈骗。事实上，S也是无辜的，他并未有任何诈骗的企图，也不曾拿到一分钱，单纯是想帮朋友的忙。现如今，事情弄到这步田地，他也后悔自己当初就不该为了“面子”逞能！

维护尊严是人的本能与天性，每个人都渴望得到他人的尊重。不过，面子并不等同于尊严。面子是浅层次的心理需求，尊严反映的是深层次的人格定位；面子是外表的，尊严是内在的；面子是给别人看的，尊严是留给自己的；面子是随时能放下的道具，尊严不是永不磨灭的精神；面子是皮，尊严却是骨头。

错把面子当尊严，做不到的事还要硬撑，不仅会给自己套上枷锁，也会让他人更看不起。放下面子，不吃虚荣的亏，才是做人、做事的智慧选择。

不愿自己作决定，总想让别人来做主

“假期想去哪儿玩儿？”

“听你的。”

“晚饭想吃什么？”

“随便。”

“周末想去逛街吗？”

“都行。”

这些答复听起来熟悉吗？习惯说这些口头禅的人特别“好说话”，不管别人提出什么建议，他们都会应声附和，不会提出异议。表面上，可能是他们害怕驳人面子，给他人造成伤害；可透过这个现象去看本质，就会发现，他们不敢拒绝的真正原因是，很少自己做决定。久而久之，这种习惯就让他们变得不愿意表达真正的内心，不愿意说“不”。一味地隐藏真实的自己，结果会是什么样？很显然，就是没有底线，犹犹豫豫，纠结不已。

美国前总统里根，年少时并不起眼，甚至还有点怯懦。有一回，他走进一家定制鞋店，想给自己做一双皮鞋。鞋匠问他：“你想要圆头的，还是方头的？”里根当时愣住了，他压根儿就没有想过这个问题。鞋匠让他回去想想，想好了再过来。

几天后，里根有了自己的想法。可是，等再见到鞋匠时，他却纠结起来，没有把自己的想法说出来，而是说：“我不知道哪一款适合我？您能帮我做决定吗？”听到里根这样说，鞋匠点点头，让他两天后来取鞋。

两天后，里根再次来到鞋店，可他发现鞋匠为他做的鞋子，一只是圆头的，一只是方头的。原本，他很想拒绝收鞋，可想到是自己让鞋匠替他做主的，也就无可奈何地收下了。

看到沮丧的里根，鞋匠说：“我知道，此刻的你很想对我说‘不’，因为前几天是你让我作决定的，所以你无话可说。这是我给你的一个教训，希望你明白，要学会自己做决定。这样，你才有否定我的机会。”

鞋匠的话，让里根陷入了沉思中，然后又用力地点了点头。成年后的里根，回想起这件事时说：“它给了我一个教训，让我明白必须学会自己做决定。如果犹豫不决，就等于把主动权都给了别人，将来就算想拒绝，也会因为先前自己的选择而无话可说。总想让别人替自己做决定，后悔的一定是自己。”

要学会拒绝，赋予自己作决定的权利。当你逐渐敢于说出自己真实的想法，才有勇气去做否定的回答，这是建立自我定位、强大内心的必经之路。如果从来都不曾自己做决定，即便开口拒绝，底气也是虚弱的、苍白的。那么，如何才能学会自己做决定呢？

不善于自己作决定的人，很喜欢把“对不起”挂在嘴边。在他们看来，自己的错误会导致很多问题，总是担心自己伤害到别人。在这种心态的作用下，他们就更不敢自己做决定。要学会自己做决定，必须得克服这个问题，就算是真的犯了错误，也要扪心自问一下：这个错误是不是那么严重？是否有人表现出了不满？如果答案是否定的，就要放弃那些无谓的认错。可能一开始会觉得有些不安，但只要勇敢地迈出这一步，就会发现有些错误无论是谁都难以避免，如此的话，内心就会坦然许多。

不善于自己作决定的人，还有一个问题，就是凡事都喜欢问别人。正因为这种想法，反而会让周围的人总是帮他们作决定，时间久了，就变成了习惯，遇事就想到求助。为了杜绝这样的问题，就得从小事入手，试着自己去做决定，哪怕错了也无妨。当逐渐习惯了不再事事求人，也就敢为自己做决定了。

还有一些人，不敢自己作决定，是因为在面对选择的时候，总是会想：这件事放在XX身上，他会怎么做？他遇到同类的问题时，是如何解决的？一旦形成思维定式，就会不由自主地去模仿。所以，一定要克服这个习惯，用自己的思维去判断，并不断告诉自己：可能我的想法更好呢！

如果能试着做到上述的这些，就会在遇到选择时逐渐克服不安，敢于说出自己的想法。有了这样的底气，也就敢把拒绝的话说出口了。

内心缺少反抗的力量，只好逆来顺受

你有没有遇到过这样的人？他们从不跟任何人红脸，也不会与人争执，哪怕受了委屈、被侵犯了利益，还口口声声说“吃亏吃福”。这样的处事方式，看起来像是活得很通透、与世无争，但其实是没有原则和底线的隐忍，内心不够强大，缺乏拒绝的能力。

要判断一个人在社交中的心理成熟度，最简单的方式就是，看他能否自如地对别人说“不”，能否主动要求别人帮助自己，能否承受别人的拒绝。一个不懂得拒绝和反抗的人，往往会掉进恶性循环的怪圈：你越是退让，别人越是步步逼近；你越是逆来顺受，别人越是变本加厉。不断让步和逆来顺受的结果，就是内心越来越软弱。

为了兼顾工作和孩子的教育，杰克先生为孩子们请了一位住家的教师，名叫尤利娅。她是一位涉世不深的年轻姑娘，性格温和，很好说话。让杰克不解的是，两个月结束后，尤利娅竟然没有跟他要薪水，这让杰克感觉很不好。

那天，杰克主动把尤利娅请来，对局促不安的她说：“让我们算算工钱吧。你可能要用钱，但你太拘泥礼节，自己不肯开口。你已经工作两个月了，上个月的薪水我都没有发给你，我们和你谈过，每月30卢布……”

“40卢布……”尤利娅轻声地说。杰克摇摇头，打断尤利娅的辩解：“不，是30卢布，我这里有记录。我向来都是按照这个价格来给家庭教师付钱，你待了整整2个月。”

“2个月零5天……”尤利娅小声地辩解。杰克再次打断她的话：“就是2个月，我这里有记录。按理说，我要支付你60卢布，扣除9个星期天的工资，星期天你不用给孩子们上课，只是陪他们玩。另外，还要减去3个节日……”

尤利娅的脸涨得通红，手牵动衣襟，可还是一言不发。杰克继续计算：“3个节日一并扣除，应该扣12卢布。孩子有病4天没有学习，你牙痛3天，夫人准许您午饭后歇息，扣除这些之后，应该是41卢布，没错吧？”

此时，尤利娅的眼睛已经红了，并轻声地咳嗽起来，可她还是什么都没有说。杰克见她没有异议，再次埋头计算：“你打碎了一个带底碟的配套茶杯，扣除2卢布。由于你的大意，孩子们爬树撕破衣服，扣除10卢布。女仆盗走皮鞋一双，也是你玩忽职守导致的，再扣除5卢布；9号那天，你支取了9卢布……”

尤利娅嗫嚅道：“我没有支过。”杰克指着账本，说：“这里有记录的，41再减27得14。”尤利娅的眼泪已经止不住了，她用颤抖的声音说：“我只从夫人那里支取了3卢布，此外就再没有支过。”

杰克看了看账本，说：“是吗？这么说，是我漏记了？从14卢布里再扣除3卢布，那就是11卢布。这是你的薪水，拿好了。”尤利娅接过钱，小声地说：“谢谢。”

这时，杰克忽然站起来，开始快步来回行走起来，他急促地问：“为什么要说谢谢？分明是我洗劫了你，是我扣了你的钱，你为何还要谢我？你不应该愤怒吗？”

尤利娅说：“在其他地方，一文钱都不给。”杰克叹了一口气，说：“难怪，你的经历太残酷了。刚才我是在跟你开玩笑，80卢布我早就给你装在信封里了。我只是不知道，你为什么不抗议？为什么沉默不语？为什么这样软弱？”

故事源自于生活，也许没这么夸张，却也是现实的缩影。尤利娅没有做错任何事，可在面对自己应得的利益时，却没有一点点理直气壮，反倒像是在等人施舍。从一开始，她就没有把自己和雇主放在等同的位置上，甚至认为是别人施舍了自己一份工作，能够给予自己工资，已经莫大的恩惠，却不认为这是自己辛苦劳作换来的工资，它本就是自己该拿的。

从心理学角度来说，个人的拒绝能力和内心强大与否有着密不可分的关系。一个不敢拒绝别人的人，内心肯定是软弱的；敢于拒绝别人的人，内心无疑是强大的。奉劝像尤利娅一样的朋友：你有说“不”的权利，也有争取自身利益的资格，不必活得如此小心翼翼，对他人的践踏逆来顺受。你的退让，得不到想要的结果，唯有强大内心，在该拒绝的时候勇敢说不，才能让别人看清你的底线，从而行有所止，不再随意践踏。

沉溺于爱和依赖中，试图让别人满意

曾有人说："要终结一段关系，最有效的办法就是——过度付出。"

她本是一个很有前途的女模特兼演员，人长得漂亮，头脑也聪明。25岁年，她遇到了比她大20岁的男导演，并爱上了他。不过，这个男人很独裁，希望生活中的故事都要按照他的理解去演绎，生活中人也要受他的支配。

陷入爱河中的她，已经彻底丧失了理智，出于对男人的爱和敬佩，她接受了他的掌控和指挥，乐意满足他的所有要求。在外人看来，他们是天造地设的一对，而她也觉得很幸福，跟朋友说："以前我是很叛逆的，他完全改变了我，我从来没有想过，我会成为现在的样子。"

他认为她的头发颜色不好看，她就按照他的喜好去染色；他说吃油会让她大腿的赘肉越来越多，她就干脆吃素；他认为女人喝含酒精的饮料会显老，她就戒掉了酒；他喜欢笑不露齿的女人，她从此就不敢大声地笑；他慷慨地为她买了新衣橱，为她挑选衣服和鞋子，她都欣然接受，并说："既然是他付钱，那么他替我挑选衣服和鞋子，不是应该的吗？"

她，从头到脚，彻底大变样。

有时，她也会对自己的巨大改变感到不适，可他却说："我正考虑要跟你结婚，一起生活，所以才会提出那些穿衣打扮的建议，我希望你变得更漂亮。我承认，我不是很能容忍女人身上的缺点，那是因为我希望自己的妻子更加完美。"他会谈论自己的前几任妻子："真正让我伤心和不满的是，跟我结婚之后，她们都放弃了去努力完善自我，所以婚姻自然也就走到了尽头。"

听到这些后，她向他保证："我会永远努力让你满意。"他带着她去看了整形医生，隆胸、隆脸颊，改善面骨结构，把嘴唇、眉毛和眼线永久着色。然而讽刺的是，他越是改造她，她就越对自己没有信心，认为自己简直一无是处：如果自己本身不错的话，又何必这样改造呢？

在努力让他满意的过程中，她对自己的身份认同失去了控制，对他充满了依赖感，做每一件事都希望得到他的指点和同意。她害怕自己的行为会出错，会被抛弃。可最后，她最担心的事情还是发生了。

她说："从头至尾好像是一个笑话，可它对我来说，一点都不好笑。他最终还是离开了我，不管我多么愿意牺牲自己来让他满意。可悲的是，当我照镜子时，我看到的，已经不是我自己了。"

无论男女，在努力让他人满意的路上越陷越深，最终都会失去对自我的控制，失去自己的本色，更别说是两性关系了。任何一段感情都是需要平衡的，单方面的付出或者索取都会打破平衡，让关系走向破裂。所以很多时候，你以为自己毫无保留的付出换来的会是对方的珍惜，可事实却是，过度的付出只会换来对方的不在乎。

心理学上有一个理论叫做“认知失调”，简单说来，就是谁也不喜欢承认自己是愚蠢、错误的。当你选择付出牺牲时，作为被施恩对象的心中就会产生一种愧疚感，而愧疚感往往是一个人最不想背负的东西。最初，这种愧疚感还少，对方或许还会产生感恩心理，觉得你为自己付出了这么多，应该好好珍惜来给予回报，从而会更爱你。但如果你过度付出，并且一直不求索取，时间一久，逐渐变多的愧疚感就会将对方压垮。为了逃避这种愧疚感，对方会转而觉得你的付出是应该的，自己并没有任何过错，甚至认为你根本不值得平等对待。

人本主义心理学家罗杰斯说过：我们的生命过程就是做自己，成为自己的过程。一个人的生命意义就在于选择，只有不断为自己的人生作出选择，才算是真正地活过。如果生活处处被人安排，无论这种安排多么完美，都会让人丧失自主的能力。

不要沉浸在过度的爱中了，为别人而活的行为看似伟大、无私和忘我，实则是在忽略自我需求，削弱自我意识，失去对自我的掌控。那样的人生，不会得到美好的结果，只会凄凉收场，我们都应当有所警醒。

第2章

觉醒：拒绝是对自己的尊重，没有对不起任何人

不懂拒绝的人生，注定是一场苦涩之旅

“我很少拒绝别人的请求，总觉着他们会记得我的好，可他们却把我的这份好视为理所当然，好像我本来就应该这么做。天知道，我并不欠他们的呀！”

“我有时真希望自己不认识某些人，一遇到问题就来找我，把苦肉计搬出来。我这个人心软，见不得这样的场面，只好硬着头皮接受，把委屈咽到自己的肚子里。我以为，一次两次也就罢了，可没想到，回回都找我，就不能换个人吗？”

你有过这样的体会吗？有过这样的怨言吗？现在，请停止任何的怨怼，扪心自问一下：你上一次拒绝别人的不合理要求是什么时候？你是随时随地、任何时候都不拒绝别人的要求，毫无原则地照单全收；还是只对自己能力范围内的事情不好意思回绝？如果你是后者，说明问题还不算太严重；如果是前者，那你就要警惕了，带给你痛苦的不是别人，而是你毫无原则的退让，以及不懂拒绝的处事之道。

回想一下，你是否经常会这样做？不管手里事情有多少，一旦别人开口求你，你就会应承下来；不管这种承诺会给你带来多少麻烦，让你

付出多少代价，你都不好意思拒绝。你可能还发现，之前你答应过太多次，现在已经没有了拒绝的“资格”，因为这会破坏你给人留下的“老好人”的印象。所以，你只能选择接受，独自去承受这种状态造成的辛苦和烦恼。

L初入职场，心里忐忑不安，一方面是自己的能力不足、缺乏经验，另一方面是害怕处理不好人际关系。为了尽快融入团队，他在上司和同事面前表现得很殷勤，主动为他们分担工作压力，希望能够借此得到支持，获得立足之地。

没过两个月，L就有点儿撑不住了，他说：“我知道，职场里有一个‘蘑菇定律’，新人都得受点委屈。我不能违抗上司的命令，也不敢得罪同事，对他们是有求必应，希望多做点事情赢得好感。可我也是人，现在每天的事情多到做不完，经常加班到凌晨，而同事却轻松得像个大闲人，我有点理解不了。”

如果L不能从当前的工作策略和有求必应的工作思维中解脱出来，换一种合理的、聪明的思路去应对上司和同事，他可能永远也摆脱不了现在的局面，甚至会面临更糟糕的处境，直至自己承受不了高强度的压力，而彻底崩溃。

想用能力去证明自己，用勤奋换得认同，这个出发点本身没什么问题。可L在选择有求必应之时，忽略了人性中自私的一面：别人会习惯于你的付出，也习惯你从不拒绝的态度。当有一天你不想这样做时，你就会发现，你立刻就会不被欢迎。到那个时候，就只能像陀螺一样不停地转，有苦难言，只能自己消化。

更糟糕的是，你跟时间的关系也会变得很紧张，似乎有多少时间都不够用，经常要延期才能完成自己的工作。生活被一张张写满承诺和待做事项的清单占满，没有自由支配的空间，也没有休闲和娱乐的时间。生活仿佛不再是自己的了，凡事都要看别人的脸色，自己只能默默记下别人的要求，皱着眉头去执行，没有说“不”的权利。你的“好坏”，完全不由自己，而是取决于你完成这些要求的质量。渐渐地，你会失去发声的勇气，忘了怎么说“不”。

当你的世界被他人的意志全部占满，自己的生活和工作由此产生巨大的压力，总是处在紧张和疲劳的状态下，既得不到协助，又无法完全摆脱，该是多么痛苦？到最后，时间和资源全部被耗尽，压力却依然如山大，只能拼命压榨剩余时间，激发更多的能量来兑现承诺。此时此刻，你还会记得自己最初的理想吗？还有精力去实现自己的目标吗？一切的一切，都变成了为别人活着，以及如何更好地帮助别人。

清醒一点吧！如果你不懂得拒绝，没有原则和底线，凭借讨好去维持的那些关系，迟早都会发生断裂，让你变得一无所有。没有谁是依靠、服从他人的一切要求来证明自己的价值和尊严的，不懂拒绝的人生，注定是一场苦涩之旅。

所有违心的接受，最后委屈的都是自己

生活中总有一些人和事是令人纠结的，面对那些诚恳的请求，明明很想说“不”，却因为各种各样的原因，违心地把这个字咽下去了。很难拒绝，不代表不需要拒绝，不代表就要违心地接受，就被自己之外的人和事所拖累，最后委屈痛苦的只有自己。

Wendy和同事R的私交甚好，两人年龄相仿，又很谈得来，下班后经常一起逛街、吃饭、运动，两人都觉得能在职场里交到如此知心的朋友不容易，因而惺惺相惜。

在同一个部门工作了3年，R的勤奋好学和出色业绩，赢得了领导的赏识，在年会上被晋升为业务小组的负责人。为了庆祝自己的“成功”，R邀请了几位朋友到家里聚会，算是庆功宴，鼓励自己继续努力。毫无疑问，Wendy也在被邀请的行列中。

作为R的好友，Wendy打心眼里为她的晋升高兴。虽然自己没有得到提拔，可她知道自身的问题在哪儿，并未气馁，也没有对Wendy心存嫉妒。她很想参与这个party，但在得知party的举办时间时发现，那天刚好是某乐团的演出日，而这场演出她已经等了很久，之前就因为有事在

身没能去看。面对这个千载难逢的机会，她真的不想再放弃。

Wendy很想把情况向R说明，可看到R兴致勃勃的样子，又不想扫她的兴，话到嘴边硬生生地咽了下去。她突然想到：如果自己不去赴约，R会不会觉得自己对她的晋升有不满？这样直接拒绝会不会影响两人日后的相处？思前想后，Wendy最终还是放弃了心仪的演出，决定去赴约。

聚会当天，大家玩得都很开心，R的准备也很充分，没有怠慢任何人。可是，Wendy却一直处于游离的状态，满脑子都在想演出的事。R是个敏感的姑娘，加之两人关系熟稔，自然看出了Wendy的心不在焉和强颜欢笑，毕竟Wendy平时不是这个样子。R心想：难道她不想来参加这个聚会？是不是心里有什么想法？

聚会结束后，大家陆续离开，R质问Wendy："今天我看你不太开心，有什么想法你可以直接跟我说，我不希望朋友之间有什么误会。"无奈之下，Wendy说出了事情的原委，可此时此刻的解释，听起来可信度一点都不高，因为在R看来，这本就不足以成为理由。

这件事之后，两个人的关系不似从前，Wendy觉得很委屈，而R却认为Wendy那天的低落没那么简单。任何关系，一旦掺入了猜疑，自然难以长久。一段原本很美好的情谊，就因误解被彻底割裂。

如果一开始，Wendy直截了当地向R说明她的为难之处，并赠送一份心仪的小礼物，以表真诚的祝贺，既能让R了解到自己的心意，也可以满足自己的心愿。可她选择了违心地参加party，结果既没有全身心地投入到热烈的氛围中，也错过了期待已久的演出，最终还导致两个人之间产生了误会。

人是难以欺骗自己的，在面对外界的各种邀请和请求时，那怕当时不好意思拒绝，违心地选择了接受，可内心的不情愿不会放过自己，它会不时地搅乱你的安宁，让你不开心。内心的负面情绪不断积压、蔓延，就会成为一种“传染源”，让身边的每个人都察觉到异样。当你把消极的语气、情绪和表情传递给他人时，也间接地让他们接收了你的讯号，将其反馈到你身上。

人与人之间是平等的，没有谁亏欠谁，也没有谁对不起谁。只要问心无愧，不做伤害他人的事情，那么，面对他人的付出也就不必心存亏欠。一旦因为亏欠而作出有违内心的事，最终只会对不起自己，委屈难过的也只有自己。

一味地迁就和付出，换不来别人的重视

“我对他那么好，为什么他还会惦记着别人？”

“我对朋友向来有求必应，可到了自己遇难时，却没有一个肯为我两肋插刀的人。”

“我想不明白，为什么善良的人总是被人欺负？”

“……”

这样的情景，总是络绎不绝地出现在生活中，让多少人不禁质问：到底是这个世界太薄情，还是当事人太自作多情？其实，事情没有那么复杂，生活也没有那么悲观，许多事情只要换一种处理方式，结果就会不一样。

在不少人的认知中，迁就和付出象征着善良和爱。他们总觉得，只要自己真诚待人，乐于伸出援手，就一定能换来收获，哪怕是牺牲了自己的一些利益，也在所不惜。殊不知，这种认识和做法是不理智的，当一个人只知道付出和迁就别人，他就不可能再成为自己了，他的生活也会被别人的各种要求填满。一旦你把这种善良给了那些只知道索取的人，得到的不是同等的善待和爱，而是无情的践踏和伤害。

J是个温柔善良的姑娘，上大学时她认识了小她一届的男朋友，对方是一个艺术生。J大学毕业后，找到了一份薪资待遇还不错的工作，此时的男友正读大四。两个人交往了两年，感情很稳定，由于男友还在读书，而自己已经参加工作，J就主动承担起男友上学的重任，无论是学费、生活费还是日常花销，她都一力担当。

最初，男友很感谢J的付出，发誓毕业后一定好好回报她，且毕业后就跟她结婚。有了这份承诺，J更加愿意无条件地付出了，不仅在金钱上支持男友，还主动搬到男友学校附近的公寓，方便照顾他，让他安心创作，顺利毕业。

渐渐地，男友理所当然地接受着J对自己的付出，有什么需求都会跟J讲出来。虽然有些需求会给J带来一些经济压力，可她还是不忍拒绝，尽量满足他。

男友毕业后，顺利地做了一名自由画家，J每天朝九晚五地坐班，男友在工作室创作。半年的时间过去了，男友一直没有提结婚的事，J也一直憋在心里不好意思过问。J的父母知道她有男友，一直想见见他，此时她才向男友提及当初的“承诺”，也就是结婚的事。

面对J的质问，男友支支吾吾，随便找了借口蒙混过关。J心里很难受，可脸上并未表现出任何不满，而是默默接受了男友的借口。不久后，她从朋友口中得知，男友在学校里又认识了一个漂亮的学妹，两个人经常见面。

J供养男友上学的事情，之前传遍了校园，也被誉为佳话。可现在发生了这样的事，J感觉自己被逼入了一个骑虎难下的境地。她一方面不甘心，认为自己对男友那么好，他却对自己不忠，总想要一个说法；另一方面，自己之前付出了那么多，现在结束的话，一切都付之东流了，实在可惜。

我们可以设想一下：如果J的性格比较极端，她有可能会死缠着男友不放，不停地追问“为什么”；也有可能，她会从此不再信任其他异性，认为“天下乌鸦一般黑”，感叹男人太无情。作为旁观者，回顾整件事情的经过，你认为所有的问题都出在J的男友身上吗？真的是这个世界太过薄情，只会伤害无辜的人吗？

一个人心智成熟的标志，就是懂得为发生在自己身上的一切事情负责。在和男友的恋爱过程中，J已经完全丧失了自我，把对方视为生命，甘愿委屈自己去成全对方的需求，这种姿态本身就是一种讨好的模式。时间久了，对方会把一切当成习惯，J的付出，他的接受，就成了理所当然的事。至于感恩和珍惜，此时早已经无影无踪了。

善良可贵，但不能没有锋芒。习惯性的付出和迁就，很容易让人觉得你很软弱，这样的形象也势必会被对方轻视。与人相处，不仅仅是自己的事，也不仅仅是对方的事，而是两个人相互之间的事。想让他人以正确友善的方式对待自己，你就要先学会拒绝。拒绝是一种姿态，也是一种尊重，让人从内心里尊重你的选择。

当然，付出也要因人而异，要有原则和底线，不能让自己的真心被随意地轻视。很多时候，你没有拒绝，没有说“不”，看似是为了照顾别人的感受，实则是一种纵容。其实，适当的拒绝，远比一味地付出和迁就更能让人明白该如何正确对待我们。

有多少“为你好”，就有多少情感包袱

许多人在面对自己不喜欢、不想要的东西时，内心分明是抗拒的，却因对方的一句“都是为你好”，而默默地接受下了所有，强忍着真实的情感而选择接受。你，曾经这样做过吗？

路先生很讨厌吃生鸡蛋，可他的妻子却总是在早餐时给他准备一颗半熟的煎蛋。他看着黄色的蛋液流在盘子里，就忍不住作呕，可也知道妻子是好意，不忍拒绝。结婚五年，他就这样忍了五年。

在一次做心理咨询时，路先生跟咨询师说了这件事：“我不敢告诉别人，太丢脸。”咨询师引导路先生做自由联想，路先生从妻子做半熟煎蛋的影子中，想到了自己的母亲。他的母亲很能干，年轻的时候每天早上要赶着上班，没有太多时间为他准备早餐，但为了顾及他的营养和健康，就会给他泡一杯牛奶，里面打一颗生鸡蛋。直到现在，每次在母亲家中住，吃早餐时还是会见到这样的鸡蛋牛奶。

路先生：“那个味道真的难以形容。”

咨询师：“有没有尝试跟母亲说，你不喜欢喝这种东西？”

路先生不确定自己有没有拒绝过，但他确定母亲一定会说：“都是

为你好。”

就是这一句“都是为你好”，路先生每天强迫自己喝下那充满腥味的“鸡蛋牛奶”，然后胃里一阵阵地作呕。有时，他也会到学校的厕所呕吐，但通常吐不出什么东西来，仿佛只是想吐出那一股被束缚的闷气。

路先生：“我不忍心拒绝，因为那是‘为我好’。如果我拒绝，我妈可能会很难过，还会偷偷地掉眼泪，认为我伤了她的心。”

针对这个问题，咨询师和路先生专门进行了两次沟通。后来，他终于鼓起勇气，尝试对母亲说起这件事：“那个鸡蛋牛奶，真的很难喝。”他没有想到，母亲并未生气，而是很淡定地说：“我也觉得，那牛奶应该不好喝。”

听到母亲这样回答时，他忍不住激动。母亲说，那样做最方便，而且她觉得很有营养，应该对他比较好。结果，路先生下楼买了一包速溶奶粉，打了一颗生鸡蛋，让母亲尝尝味道。母亲喝了一口就吐了出来。

自那以后，“生鸡蛋”的问题再没有出现在路先生和母亲之间，而他也学会了直接把自己的感受告诉自己的妻子。那感觉特别美好，犹如和她们一起打败了那句“都是为你好”，并一起打败了那个不敢放下情感包袱的自己。

一句“都是为你好”的情感包袱，让路先生从年少时代一直背负到结婚后，可见它的压力和负面影响有多大！现实中，这样的情况比比皆是，通常都是身边亲近的人以一种温柔的霸道，让我们感受到不容拒绝的软性要求，当我们被这种情感包袱捆绑时，就如同生活在茧蛹里，痛苦不堪，而又说不出口。

诚然，要开口说出“不”字，拒绝那些初衷是真心为我们好的人，会有一些不忍，甚至还要面对他们叹息和眼泪的攻击，可就像帝王蛾冲破茧蛹一样，必须要全力突破那一道狭小的关卡，它们的双翅需要突破狭小茧洞时的冲撞才能充血，为出茧后的振翅高飞做准备。

对那些为我们好的人，一定要鼓起勇气告诉他们，自己真正想要的是什么。不敢拒绝，不忍拒绝，换来的不是融洽的关系，而是被隐形的情感包袱拉开的无法逾越的距离。

说“不”是你的权利，没什么不好意思

英国作家毛姆的小说《啼笑皆非》中讲过这么一个故事：

一个不起眼的小人物，平时总是被人忽略，没有谁关注他，也没什么人跟他交往，以往的朋友跟他的关系也日渐生疏。突然有一天，这个小人物出名了，大街小巷无人不知他的名字。为此，上门道贺的人络绎不绝，认识的或不认识的人，全都自称是他的朋友。

这时，一位过去的老友也前来道喜，到底要不要见他呢？他心里很矛盾：这么长时间没联系了，见面也不知道说什么，强颜欢笑不过是浪费彼此的时间；可人家也是一番善意，专程来拜访，若是避而不见，未免显得太小气。在万般纠结之下，他还是决定见见这位昔日老友。

简短的交谈过后，这位老友向他发出邀请，请他到家里吃饭。本来这次见面就已经让他很为难了，想到马上还要再次见面，并在对方家里用餐，他更是抵触。可看对方如此热情，他难以拒绝，最后只好假装开心地接受了。在朋友家里吃饭时，为了避免饭桌上尴尬冷场，他刻意制造话题，可气氛还是很沉闷，那顿饭吃得无比煎熬。

两次见面让小人物深感痛苦，可他碍于礼节，之后又回请了朋友吃

饭。可是，该带朋友去哪儿吃饭呢？他心想，自己现在怎么说也是一个名人，做事得有面儿，总得找个妥当的去处，既不失自己的身份，又能让朋友开心。如果去太高档的地方，怕朋友会多想，认为自己在显摆；去普通的饭店，又怕朋友觉得自己小气，怠慢了朋友。为了这件事，他反复琢磨，越想越烦……

故事经过艺术加工，略显夸张，但却源于现实生活。从一开始，小人物就应该直截了当地拒绝，跟对方说清楚，这样的话，就不会有后续的一系列麻烦事儿。可是，碍于“面子”和“不好意思”的心理，他还是违背自己的意愿，接受了朋友的拜访，并到对方家中吃饭，最后弄得双方都很尴尬，自己也疲惫不堪。

许多人在面对那些不想接受的请求时，都会犯同样的毛病，不好意思开口拒绝，似乎只要说了“不”，就等于伤害了对方，还会心生愧疚。其实，大可不必如此。许多时候，这种认知只是一厢情愿的想法，别人在开口请求的那一刻，早就做好了被接受和被拒绝的双重思想准备，就算你拒绝了他，对方早有这个心理准备，不会如你想象的那么难以接受。

我们的时间和精力都是有限的，在同一时间只能作出一个选择，这就意味着，我们必然得放弃和拒绝一些东西。如果不懂拒绝，所有违心的、不喜欢的东西都全盘接受，就等于在给自己加压和施虐。你认为无条件地接受是一种仁慈，会换来他人的感恩戴德，但残酷的真相却是，就算你做到尽善尽美，也不可能让每个人都对你感到满意。更何况，在力所不能及的情况下答应别人的请求，结果必然好不到哪儿去，最后落得的下场，往往就是费力不讨好。

拒绝不喜欢、不合理的请求，是你的权利，也是你尊重自己的选择。我们都不是圣人，也不是超人，做任何事都不可能维护所有人的利益、照顾所有人的感受，在这个时候，顺应自己的心声，尊重自己内心的情感，坚持自己的立场，对不想要、不需要的人和事说“不”，才能保持从容的生活状态，而不至于被违心应承下来的负担压得透不过气。

很多时候，我们无法阻止事情的发生，但我们有选择拒绝痛苦的权利。拒绝的意义有很多，不要把目光聚焦在“驳人面子”这一点上，它也是你坚守信念、捍卫尊严的利器，更是主动追求理想生活的选择。任何时候，切记不要轻易放弃这项权利！

利益受到侵犯的时候，不可以无动于衷

“现在越来越怕看到姐妹群里发来消息，总觉得我就是她们的奴仆。那几个姐妹都是我的闺蜜，在国内时经常聚在一起，也帮过我一些忙。我到美国工作后，隔着12个小时的时差，经常会在半夜收到消息，内容无非就是合伙支使我，让我帮她们代购。

“如果偶尔代购一次，也没什么问题，就当帮个忙而已。现在，隔三差五就要我帮忙代购，而且好久才把钱还给我，一句谢谢都没有，好像我为她们跑腿是应该的。别说是闺蜜，就算是亲姐妹，也不该这样吧？

“好几次我都想回绝，可彼此太熟悉了，而且姐妹群里有四五个人，要是我回绝了其中一个，她们势必都会知道，还不知道私下里会怎么议论我呢？可若不说，我也是有正常工作的人，也需要娱乐和休息啊！真是头疼死了……”

这是身在美国的一个女生的真实感受，她的处境很像是英国电视剧《唐顿庄园》里的那个厨房女仆，没有任何的地位和尊严，人人都可以支使她。她不断地选择隐忍，不断地退让，内心的苦涩只有自己知道，却还是不好意思拒绝。

也许，这个女生希望用隐忍换来姐妹的认同和好感，可真相却是，一个人越是放弃自己的利益，讨厌和反感他的人反而会越多。一项调查结果显示，超过47%的人都对那些不能坚持立场的人持反感态度，而不是同情和欣赏。事实上，人们并不喜欢不敢拒绝的人。看到这个结果，恐怕那个女生会很失望，也会很难过吧！

在利益面前，我们不需要过分谦让，应当大胆要求自己应该得到的。像前面谈到的那个女生，“闺蜜帮”频繁要求她代购，而且许久才给钱，这样的问题显然已经侵犯了她的利益，她没有制止和拒绝，而是碍于面子选择了纵容。

在利益的问题上，选择维护和捍卫自己的利益无可厚非，毕竟人人都要生活，都要实现个人价值。无论是生活还是工作，要求自己应得的东西都应是合情合理的，任何关系想要长久都不能依靠单方面地付出。

25岁时，日本吉田忠雄创办了专门生产销售拉链的三S公司。50岁时，吉田忠雄建成了世界一流的拉链生产工厂，完成了年产拉链长度绕地球一周的宏伟志愿。每当有人追问他成功之道时，他总是笑着说：“我不过是爱护人和钱而已，人人为我，我为人人，不为别人利益着想，就不会有自己的繁荣。对赚来的钱，我也不全部花掉，而是再投资于机器设备上。一句话，就是善的循环。”

不要认为碍于面子不忍拒绝，牺牲自己的利益去成全他人，是多么伟大的壮举。实际上，这是一个“恶”的循环。你越是退让，别人越不懂得尊重你，而你拱手让出的应得利益就越多，这等于在不断掏空自己。

当一个“禁欲者”，并不意味着多么高尚。马克思曾经批判禁欲者说，“灭绝情欲”的禁欲主义“连对火炉旁的狗也不会发生什么鼓舞作用”，它不过是为了获得或成为“禁欲的然而只能是从事生产的奴隶。”

人当有所为，有所不为。所谓“不为”，其中就包括拒绝不合理的请求。当他人的请求和做法侵犯到自己的利益时，绝不可以无动于衷，此时的拒绝是保护自己、对自己负责的表现。记住，拒绝不是绝情，而是一种点到为止的理性，一种为人处世的智慧。

拒绝不相容的事务，是对自己和人生负责

美国第十九任总统拉瑟福德·伯查德·海斯，在没有担任总统之前，曾经拒绝竞选活动。当时的他是陆军少将军校，有人建议他去搞竞选，他坚决不同意，说：“我现在还有别的事要干，一名在职军官在这种危机关头擅自离岗去搞竞选，我想无论是谁都应当枭首示众。你们完全可以相信，我绝对不会干这种事情的。”

也许，就是凭借这份爱国主义的热情，海斯当选为1865年的国会众议员。此后，他曾三次被当选并担任6年俄亥俄州的州长，并用自己的聪明才智，大刀破斧地对俄亥俄州进行改革，让监狱、精神病院、教育部门等都有了明显的改变，深得民心，为他走上总统宝座奠定了基础。

在格兰特政府腐败和持续经济萧条的情况下，海斯以185票的优势当选为总统，并宣誓就职，成为美国第十九任总统。正是当初的拒绝，让他获得了竞选胜利的人格资本，倘若当初他放弃了自己的军事选择，全力以赴地参加竞选活动，或许他在人们心目中就不再是爱国主义人士的形象了。他当初的拒绝，几乎就是一种制胜的手段和资本。

不是自己份内的事，就果断地拒绝；不干涉别人，也不让别人干涉自己，让生活和工作不轻易被打扰，专注于自己真正要做的、该做的

事，乃是聪明理性的选择。作为一个完整的自我，从个人责任的角度出发，先把自己的正事处理好，在有余力的情况下去做其他的事，才不至于顾此失彼，让自己疲惫不堪。

Nina是一家公司的编辑助理，有段日子，她手头上的工作特别多，主管又准备布置新的编审任务，当时她犹豫着要不要接，可怕主管说自己没有担当，还是把任务接了下来。那段日子，可把她累坏了，没日没夜地工作，结果交上去的稿子问题有很多，原本可以完成好的工作，最终也没弄好。

除了对主管不敢说“不”以外，她还经常帮同事的忙。有人让她帮忙打个电话，取个快件，或是写一份简短的总结，虽然都不是什么大事，可还是会耽误不少工作时间。特别是在自己本身工作任务够繁重的时候，根本没法专心致志地把手头的事情做好。

吃了多次苦的Nina，最后终于悟出了一个道理：人的精力有限，拒绝再难说出口，但该拒绝的时候还得拒绝。不能因为对方是领导就不敢拒绝，也不能因为对方是同事就不好意思拒绝，否则就只会把自己累垮。

Nina说，自己还算是比较理智，公司里也有跟她一样的人，却总是俯首甘为孺子牛。领导布置了任务，他完全接纳；同事、部门之间要求合作、协调，他也不拒绝。慢慢地，他的工作越来越多，有一天他跟Nina说，自己实在是太累了，可又没法拒绝。总是来者不拒的态度，突然间拒绝别人，肯定会被说闲话。最后，那位同事竟然离职了。

提到这种心理，Nina说她自己也有过。开始总是担心一次拒绝会让别人对自己产生看法，可后来的一件事让她发现，只要懂得拒绝，讲求点方式，反倒会为自己赢得尊重。

有一次，因为部门之间需要协调，她给财务部的同事打电话，说想要对方提供一份清单。财务部的同事很坦然地告诉她，自己最近很忙，没有帮Nina，可她却帮Nina联系到其他人来做这件事。

这件事之后，Nina做了换位思考。财务部同事拒绝了自己，可又找了一个很好的台阶，她心里还是挺欣慰。仔细想想，人家也是集中精力做自己的本职工作，纵然没有帮自己，那也无可厚非，可以理解。况且，这也是一种负责任的体现。

不要做“累无止境”的冤大头，学会照顾自己的需要，站在自身的出发点去对待别人的不合理要求。拒绝，会减少其他人命令你和麻烦你的机会，你学会了“好意思”，别人在你面前才会变得“不好意思”。掌握了拒绝的能力，成为一个支配者，才不会被别人牵着鼻子走。

第3章

自爱：与其苦心讨好世界，不如用心强大自己

无论你怎么做，也无法让所有人都满意

不敢拒绝的人，往往内心都很善良，对外界的人事没有一丝敌意，甚至想让周围的人为自己的存在而得益。他们做人做事向来认真，总是希望自己能够把事情处理得完满或极致，面面俱到，让自己以及周围的人都满意。正因为如此，他们才不敢拒绝，担心自己在说出“不”字的那一刻，会给别人带来不悦。

按照他们的逻辑，自己已经如此无私了，应当会换来理想的局面吧？可事实却不尽人意，这种善良和周全，总是让他们在现实中碰壁，徒劳做一个费力的心奴。

W先生在公司里是个“大好人”，他也一直苦心经营着自己这个称谓。其实，表面上说他是“大好人”，私底下很多人都是在利用他的胆小怕事和过分忍让。公司里多数同事对W也没什么恶意，但他们通常会不知不觉地把他当成一个理所当然应该牺牲个人利益的人。

一次公司聚会吃饭，因为临时要去预约一个大的KTV包房，大家都是刚刚吃完饭，谁都不愿意动，可W却被大伙哄抬着饿着肚子跑到KTV预定房间，他心里其实也不太情愿，但又害怕扫了大家的兴，只好自己

忍着。还有一次，几个同事一起看电影，票是W团购的，结果换票那天人比较多，座位基本上满了，没剩下几个好座位，可即便如此，大家还是你挑我拣，把最后一排的一个角落的票留给了W，大家觉得理所当然，可W心里却不好受。

终于有一天，W忍无可忍了。有一场非常精彩的演出，却没有他的票，原因是别的同事抢了这张票，那个同事本来是请假1个月回老家，可是提前回来了。他觉得W应该不会介意，可实际上W很难忍受，他内心也渴望得到属于自己的那份利益和欢乐。

得知这件事之后，W脸色铁青，雷霆万钧，所有情绪一股脑爆发了，那激动的声音吓坏了在场的所有人。之后，他拿了属于自己的票，摔门而去。大家在惊讶之余，似乎也意识到了什么。此后，大家对W的态度也好了很多，没人再拿他那么不当回事，也不敢轻易拿走他的什么东西了。

对于这种情况，W先生着实有点意外。他原本以为，过去一直做个“好人”，事事迁就别人，怕别人不满意，会落得一个人人尊重的结果。可没想到，大家都把自己当成了透明人。这一次的突然爆发，他原本以为大家会觉得他“不可理喻”、非常不满意，却没想到他们反而开始真的尊重自己了。

曾有句话说：“想让别人都满意，往往就苦了自己。”W先生就是一个实例，他把每件事都想得很周全，希望能照顾好每一个人的感受，可结果呢？真的让每个人都满意了吗？退一步说，让别人都满意，自己肯定要迁就，要忍让，要牺牲，甚至会受更多的委屈，以为自己这么做会让关系变融洽，可实际上弄得自己一肚子苦水。这怎么算得上是完满的结局?

很多时候，不管做什么事，只要能够让一部分人满意就行了。想面面俱到，不得罪任何人，还想讨每个人的欢心，是不可能的事。你觉得自己都照顾到了，可别人未必这么想，甚至根本不领你的情。毕竟，人与人的立场、性格都不同，主观感受和需要也不一样。

你可能也看过那个父子与毛驴的故事：

父子两个人赶着一头毛驴进城，想卖掉毛驴换点银两。两人一前一后的走着，半路上有人嘲笑他们傻，有驴子不骑竟然走着。父亲觉得有道理，让儿子骑着驴，自己走着，结果又有人说儿子不孝，让年迈的父亲走路。父亲怕人说，又让儿子下来，自己骑了上去，可谁知别人又说他太狠心，想把孩子累死。于是，父亲赶紧让儿子也骑上来，心想这下应该不会有人再说什么了吧？可谁知又有人说，他们父子俩想把毛驴给压死。父亲和儿子溜下毛驴背，把它的四只脚绑起来，一前一后用棍子扛着，经过一座桥的时候，驴子不舒服拼命挣扎，结果掉到河里淹死了。就这样，毛驴死了，父子俩折腾了一路，什么也没落得。

看，就这么一件事，就有这几种可能的做法，却每一次都遭到别人的不解和非议，你让这个人满意了，那个人又开始不满，你都想兼顾到，结果就什么也得不到。做人做事，要恪守自己的原则，遵循自己的内心，不要让自己太在意别人对自己所做之事的评价，也不要变成一个只会迁就别人意愿的心奴。总担心别人不满意，谨小慎微地察言观色，揣摩并迎合别人的心思，迟早会把自己折磨得精疲力竭。况且，让一些别有用心的人看透了你的“弱点”，便会得寸进尺地利用你，你觉得自己是在做好人，可实际上有人把你当成了“软柿子”。

我们提倡助人为乐，也提倡做人不要太自私，但这不等于我们要委屈自己，为了别人的满意而向原则妥协。更何况，没有谁可以超越人性的局限，不管你再怎么努力，也无法做到面面俱到。与其如此，不如活得坦然一点，不侵犯谁的利益，做好我该做的，做我认为对的，至于别人怎么想、怎么说，那就随他去吧！

该有脾气时就得有，不能只懂隐忍和退让

当下，不少文章都在提醒世人：对情绪的控制能力，透露着一个人的情商。不能否认，善于调节情绪的人，的确能够更理性、更顺利地处理问题。然而，凡事有度，过犹不及。

“我喜欢那些心平气和的人，总觉着‘没有脾气’的人，性格温和，容易相处，极少跟人发生矛盾。现在，我也经常极力地抑制和消除自己的脾气，想让自己的性格变得更完美。可说实话，这种感觉并不舒服，有时甚至会让我感到迷茫。遇到一些难忍的问题，我内心有愤怒，可怕给人留下‘暴脾气’‘没素质’的印象，就只好忍着，装出一副云淡风轻的样子。其实，我的内心早已经惊涛骇浪……”

说这番话的人，是一个努力塑造“好脾气”形象而隐忍多年的男士。显然，他设定了一个理想自我，即遇事能够心平气和地处理，彰显出淡定沉稳的姿态。现实中的他，虽也极力表现得云淡风轻，可这种淡然并不是真正的古井无波，而是一种装出的表象，实则暗潮汹涌。

有句话说得好：“树欲静而风不止。”你越是想平静，不平静的

事情就越会来招惹你。你越是想当个没脾气的老好人，越是会被人无止境地侵犯底线，结果为了维护自己的形象，不得不接受他人的要求，把所有闷气都咽进肚里。他们害怕有脾气，也害怕别人发脾气，认为不发脾气就能够避免冲突，却没有意识到，这些冲突最终都会跑进自己的内心，变成自我冲突。

情绪是人类正常的心理活动，无论这种情绪是正面的还是负面的，都不该有褒贬的评价。所谓的情绪控制，是指意识到自己有负面情绪时，用合理的方式把它释放出来，或是将其化解。没有任何一位情绪管理专家说，控制情绪就是不能有愤怒、不能发脾气，这是对自我情感的压抑，也是对自我的不善待。

况且，发脾气也分很多种情况：鸡毛蒜皮的小事，的确没必要大动干戈，这对于身心都是无益的。然而，遇到一些碰触了自己底线的人和事，保留一点脾气是应该的，它能够让对方看清楚你的态度。倘若面对这样的问题，一点儿脾气都没有，就如同砧板上的鱼肉，任人宰割，毫无抗拒之力。

别总是用扭曲的好人思维麻痹自己，认为自己对别人好，别人就会对自己好，一旦发脾气，就会深深地自责。很多时候，如果是对方的问题和责任，你根本没有必要去责备自己，让自己去承受无谓的折磨和损失。有位哲学家曾说过一番肺腑之言，他试图教那些只会隐忍和退让的人看清楚一个事实：

“我多么愿意别人欣赏我的礼貌，我的大度，可实际上，他们只是享受我的礼貌，甚至鄙夷我的礼貌。有的人即便你无数次忍让他，也不能停止他的攻击与辱骂，他会越来越猖獗，到后来连我的家人都要连带一起骂。如果我不打断他，他是不会罢休的。”

现实总不如想象中那么美好，也不是所有人都如想象中那么懂道理、有分寸。一个有修养、受尊敬的人，必然会和气待人，但他们也有自己的脾气。这是一种精神和志气，让他们时刻能够坦诚面对自己的心，不用勉强和委屈来压抑自己，该退步时宽容大度，该争取时绝不妥协。正因为他们有明确的态度，才让那些试图压榨和索取的人望而却步，对他们心存敬畏，不敢轻易去碰触他们忌讳的东西。

在完善自我的路上，别丢弃自己的真实，勇敢去面对内心的不甘、不愿和愤怒。如果你很介意一件事，那就告诉对方；如果你不愿意做一件事，就不要勉强；如果对方的侮辱让你愤怒，那就勇敢地表达你的谴责和反抗。我们不需要成为卫道士，但要做一个坦诚的人，哪怕很普通、很平凡，这份真心和坦诚，也可以让你驰骋生活。

扔掉圣人情结，没必要逼自己成为完人

“已经连续一个月没有休息过了，这个星期好不容易把项目做完了，准备在家好好待一天。没想到，朋友打电话过来，让我帮他去做一个程序。说实话，真心不想动，可朋友难得开一次口，还提前订好了吃午饭的餐厅，我就没有拒绝。

“晚上回到家，深感疲累。虽然活不怎么太辛苦，可吃饭、聊天、往返路程也耗费体力和精力。可是，想起帮朋友做完那个程序后，他拍手叫绝的样子，心里还是挺欣慰的。至少，觉得自己在朋友那里还是有价值的，也没白忙活。”

这样的内心独白，你曾经有过吗？朋友找你帮忙，你内心不太愿意，却也不好意思拒绝，最后还是答应了。然后，你就想：既然改变不了处境，那就改变一下心境吧！毕竟，帮助别人落个好名声，就算身体累一点，也是值得的。不得不说，这样的思路是很有效的，通过转变看问题的角度，来实现自我安慰，属于典型的精神胜利法。

为什么许多人都习惯用精神胜利法安慰自己，也不愿意干干脆脆地拒绝呢？其实，每个人心里或多或少都有一点圣人情结，内心的崇高感

经常会让我们冲动，不知拒绝，忘我地接受他人的请求。可是，当强烈的崇高感落到了现实的地面上时，我们那颗热血膨湃的心，是否也该冷却冷却，思考一下自己可怜的处境了？

当圣人情结发展到极致，就很容易导致心理上的病态和妄想，比如总是拿自己的不足去跟别人的长处比较，强烈要求自己变成一个完人。看似是追求完美，可真到了现实中，就变成了狭隘，看不到那些好的方面，只盯着微小的瑕疵，让自信心直线下降。

曾经有人对作家提出过这样一个“标准”：真正的作家，无私无畏，成败利害不萦系于心，得失存亡不牵挂于怀，功名利禄如过眼云烟，富贵荣华为路边粪土。这是怎样的一种境界啊？可仔细想想，这是对人的要求吗？应该是对一个神的要求吧！倘若按照这一标准来衡量，恐怕所有的作家都会感到无地自容。

同样，我们都只是普通人，若非要按照圣人的标准来要求自己，真的是很可悲。圣人情结的存在，会让人变得内敛和自我约束，很少产生恶行，这是好的一面。但是，不好的一面也很明显，就是容易“自虐”：无法容忍任何瑕疵，习惯性地忽视自己的优点，只看到自己的不足，无法拒绝他人的请求，把帮助他人当成理所当然的事。盲目地接受他人的要求，不考虑自身的情况，最终的结果就是背负沉重的压力，损害自己的身心健康。

见贤思齐是再正常不过的事，但我们应当保持清醒和理智。对于自身的实际情况，要多进行分析和衡量，对无能为力的请求，要大胆地拒绝。不要以为自己是不知疲倦的机器，高估自身的实力，盲目地来者不拒。那样的话，生活只会变得一塌糊涂。

留一点独立精神，保持有个性的自我

拒绝，不仅仅是一种明确的态度，还掺杂着一种独立的精神。

敢于说“不”的人，往往都有自己坚定的立场、独立的思想，他们不会把别人的目光和看法放在第一位，只要有不同的意见和看法，就会大胆地表达出来，而不是趋炎附势、随波逐流，为了合群而刻意讨好。正如一句话所言：“发表自己的不正确的意见，要比叙述别人的一个真理更有意思。在第一种情况下，你是一个人；在第二种情况下，你不过是只鹦鹉。”

你就是你，独一无二的你，如果总是跟着别人的意愿去生活，就会失去这份独特，而沦为一个木偶或傀儡。那些能够做出一些成绩的人，从不稀罕成为他人眼中的“好人”，也不会介意世俗和舆论，他们的身上始终带着一点独立的精神，忠于内心，忠于自我。

一代名家郑板桥，对旧势力从不妥协。他擅长画竹、兰、石、菊，字写得也很出彩，但他恃才傲物，逼事权贵。有不少达官显贵想索求书画，哪怕送来成车的银子，也被郑板桥拒之门外。

曾经，有位富翁新盖了新居，华丽富贵，可总觉得缺少点书香气，就想找郑板桥作画，他拎着钱箱往郑板桥家跑，名帖递进去后，一连几次都被拒绝了。后来，富豪打听到，郑板桥喜欢吃狗肉，就想出了一个主意。

那天，郑板桥出来散步，忽然听到远处传来悠扬的笛声，曲子很优美，不觉激发了他的好奇心。他循声而来，发现琴声是从一座宅院飘出来的。郑板桥推门而入，庭院内修竹叠翠，奇石林立，竹林内有一位老者鹤发童颜，银发飘逸，正在抚琴。老者看到他，立刻戛然而止，郑板桥见自己破坏了人家的雅致，有点不好意思。老者并未介意，热情地让他入座，两个人谈论起诗琴来，颇为投机。

这时，一股浓浓的狗肉香味飘来。片刻后，只见一个仆人捧着一壶酒，还有一大盆煮熟的狗肉，送到他们面前。老者刚说一个“请”字，郑板桥就毫不推辞地吃了起来。吃完狗肉，郑板桥才意识到，自己还不知道款待者姓甚名谁，就稀里糊涂地在人家大吃一通。为了答谢对方的招待，他特将自己的字画赠送给这位老人，并提“敬赠某某某”，这才告辞离去。

富翁如愿以偿得到了郑板桥的画，但这并非因为他富有，而是因为“朋友情谊”。对于富豪和权贵，郑板桥根本不在意，他甚至直截了当地拒绝，这就是他的态度、他的品性。

敢于拒绝的人，都是内心强大的人，不怕自己跟别人不一样，也不畏惧异样的目光。敢于拒绝的人，都会有一点独立精神，这种独立不是盲目地反对所有，而是听从内心的声音，坚守自己的原则，不轻易因外物而妥协。当你可以心安理得地对不喜欢的人和事说“不”时，你便找到了有个性的自我人生。

你是命运的主人，把决定权交给自己

梅克是华尔街的操盘手，帮人代理投资和操作股票有十几年了，经验非常丰富。他很了解那些股民是如何犯下致命错误的，那就是在重要的问题上把决策权拱手让人，从而完全受制于人。

在梅克看来，投资者必须要十分了解自己和自己的系统，这

重要的事。他说：“为什么多数的股民基本做不出良好的

为什么他们在听到错误的引导意见时不懂得拒绝，反倒是兴高采烈地跳进火坑呢？事实上，就是因为他们完全不了解自己，不了解市场，选择了非常笨拙的策略。”

梅克谈到了一位“超级股民”时，笑着说道：“我之所以把罗迪先生称为‘超级股民’，是因为他是公司的大金主，每年委托我管理的资金有几千万美金，可他对投资市场一窍不通。我们都喜欢他，因为他太容易说服了，面对一个投资意向，一支走势不明的新股票，他总是随便地一挥手，就说：‘你来帮我决定吧！’

“罗迪在波士顿经营着一家PVC制品工厂，年利润丰厚。他把所有的闲钱都交给了我，购买基金、股票等一切可能盈利的理财产品，但不是每一次投资都赚钱，真正能够赚钱的理财产品不足1/3。可是，罗迪并

没有自己的主意，他总是问：‘要把钱拿出来吗？这么重要的决定，一定要专业人士来做，我相信他们。’

“他相信我，这是他的致命失误。他没有考虑到一个严重的问题，是否做出继续投资的决定，不能由这笔钱的受益方来决定，而是要他自己来选择。可问题是，罗迪缺乏投资头脑，他意识不到自己已经违反了投资原则。”

为什么有人会把重要的事情交给其他人来做决策呢？从上述的例子可知，就是因为不了解自己，不信任自己，能力也不足，总觉得别人会比自己更能作出“对”的选择。如果想要在拒绝别人时底气十足，自己掌控人生，就要不断地提升自身的能力。当你足够了解自己，有充足的知识储备，并掌握了正确的方法时，即便有人企图用错误的计划诱导你失败，你也可以迅速地避开，让他不敢再尝试第二次。

把重大的决定权交给别人，是对自己人生价值的漠视。许多人都会在面对选择时，陷入纠结和矛盾中，比如：是该听从父母的意愿从事他们希望我做的工作，还是遵从内心、按照自己的兴趣来选择？是该趁年轻到外面去闯一闯，还是留在小城里平淡地渡过余生？是该听从家人的意见，选择他们认为条件不错的那个人，还是应该不将就，等着那个自己真正喜欢的人？

这样的问题太多，困于选择的人也太多，他们不敢轻易作决定，甚至害怕自己作决定，担心会因为自己的选择伤害最亲最近的人，也担心拒绝了他们的意见会让自己“吃亏”。面对这样的处境，不少人就选择把决策权让给别人，潜意识里的想法就是：不是我自己做的选择，也就不必对结果负责。

有这种思维习惯的人，除了人生大事不敢自己做主以外，许多小事也要征求别人的意见，比如，挑选什么颜色的窗帘、什么样式的衣服、适合什么样的发型……全都无法独立地作决定，习惯并习惯性地问别人该选哪一个？哪怕对方给出的意见，不是自己特别认同和满意的，也会被一种无形的力量促使着去听从对方的意见，作出最终的选择。

马斯洛认为，一个完全健康的人必备的一项特质就是，充分的自主性和独立性。不能独立地作决定，也就无法把握自己的命运。如果你一直以来，畏惧自己做决定，太过依赖他人的意见，甚至不敢拒绝他人的建议，那么，从现在起，试着用下面的方法，来协助自己快速地作出决定。

·找一张白纸，在纸的正反两页，分别写出做决定产生的最大好处和最大坏处。写完之后对比一下，你会发现，决策很简单。

·做决定之前，询问自己：做了这个决定后，我会不会成为我希望的那个人？会不会得到我渴望的那份好处？做了这个决定，是否符合最好的我？如果答案是肯定的，那就果断一点，不要再犹豫。

·平日里多提升自我，建立充分的自信心，有足够的能力和自信，是克服优柔寡断、唯唯诺诺的根本保证。偶尔，要尝试把自己置于一个孤立无援的绝境，用自强的勇气和自信的力量去引导自己。

总而言之，遇事不要等别人拿主意，更不要一味听信他人的意见，要学会自己设计、自己决断。命运在你自己手里，不要让自己的命运之绳由别人牵着，后果却由你来承担。

有选择的拒绝，会让你生活得更美好

“如果真能过上朝九晚五的日子，我会觉得无比幸福，可那只是幻想。现实是，每天恨不得坐早班车出门，只为途中有个座位，晚上披星戴月地回家，没有具体的时间。这样的日子确实累，但有什么办法呢？机会来了不把握住，可能就再也没有了。每年年初都在想，再使劲拼一年，明年一定不再这样了。可到了下一年，还是一样……”

这样的现状，不知是多少都市人的真实写照，经常处在忙碌的状态中，把自己弄得身心俱疲，各种各样隐性的亚健康疾病和并发症随之而来。努力奋斗的态度无可厚非，可不顾自己身体的状况，盲目接下巨大的业务量，并不是长久之计。

一位年轻的作者，为了能跟出版社维护合作关系，但凡有编辑约稿，他都不敢轻易拒绝，总担心这一次没有跟对方合作，今后就可能会失去对方的信任。结果，他每天有14个小时的时间，全都被工作占据了，晚上躺在床上的那一刻，脑子都是胀痛的。

这样的状态持续了两三年，他的身体严重透支，总是频频脱发，还出现了抑郁的情绪。幸好，他及时意识到了症结所在，开始对工作方式进行调整。他决定，先减少一半的工作时间，给每天的工作定量，如完成5000字即可。如果状态好，能够提前完成，剩余的时间可以看电影、看书，或是到户外的公园散步、慢跑。对于编辑的约稿，根据自己的实际情况有选择性地接受，不太感兴趣的、不太擅长的，都予以婉拒。

拒绝的结果，并没有他想象中那么糟糕。那些没有达成合作的编辑，没有怀疑他的能力，而是期待下一次的合作。他的做法，也得到了不少编辑的称赞与欣赏，认为他是一个对自己、对他人、对工作都很负责的人，拒绝是为了保证自己有充沛的精力，也保证作品有优秀的质量，不为眼前的利益而迷失，这样的作者值得长久合作。

生活不是只有工作一件事，我们努力工作的目的，无非就是实现个人价值，让自己和家人生活得更好。有选择地拒绝一些业务性的交际应酬，也是在为了这个初衷而付出。

百事可乐公司的总裁卡尔·威勒欧普，是一个很重视家庭责任的人。有一次，他接到一个宴请电话，来电者是市长，可他并未碍于对方的权威而违心应邀，因为他早已经和女儿约好，晚上要陪她过生日。他婉言谢绝了市长的好意。

忙完手头的工作后，威勒欧普跟妻子都关掉了手机，安静地为女儿庆祝生日。正要切蛋糕时，威勒欧普的助理急忙赶来，说公司的一个重要客户要跟他见面，且客户今天就会离开。威勒欧普为难地说：“不行啊，我已经答应女儿了，今晚会一直陪着她。”

助理继续劝说，因为这个客户不但重要，且跟他很熟。然而，威勒欧普毫不犹豫地说：“我还是觉得，现在不能离开我女儿，你去替我好好接待他，顺便把我的歉意转达给他，然后约个时间，我去拜访。”

女儿很懂事，让威勒欧普去见客户。但是，威勒欧普并未改变主意，他对女儿说：“不行，我说过不能对你失约，虽然市长和客户都很重要，但我给你的承诺更重要。”

助理发现，要说服威勒欧普是不可能的了，就急忙赶回去招待客户。为女儿过完生日后，威勒欧普第二天一早就给昨晚的那位客户打电话致歉，客户在电话的另一端并未生气，还说很感谢威勒欧普，因为他用行动证明了何谓一诺千金。之后，他们成了长期的合作伙伴，互相非常信任。

一个有情商、有品行的人，不是八面玲珑、四处讨好，也不是来者不拒，而是有自己的坚守和操守。拒绝，不是自私，也不是冷漠，而是在真诚坦诚的基础上，量力而行。不考虑自身的情况，盲目地选择接受，未必能换来更多，也未必能赢得尊重；恰当的拒绝，是有力量的表现，更是对自己、对家庭、对生活的热爱。

别对吃亏逆来顺受，你不亏欠任何人

人生在世，难得糊涂，做人没必要处处斤斤计较，偶尔吃点小亏也无须放心上。可若吃亏的人总是你，那就得反思一下了：究竟是人情险恶，还是你太想落个好人的称谓，习惯性地放任自己吃亏呢?

Chris在某公司担任程序员的工作，但他的工作却不只是程序员，而是被同事称为“全能专家”。每次公司推出新项目，虽然大家都在忙，可每个人的工作进度都很微小，一旦deadline临近，大家都会把目光锁定在Chris的工作进展上，如果他适时地完成了任务，大家就会纷纷向他求助。结果，Chris就成了“全能专家”，哪儿都有他的身影。

项目结束后，大家都会在言语上对Chris大加赞赏。可若结果或程序中出现了问题，落埋怨最多的也是Chris。对于过分繁重的附加工作，以及同事们不谢反怨的态度，Chris内心虽然很恼火，可他又不敢公然反怒，这么久以来，接受他人请求已经成了他的习惯。

有一次，Chris在帮几个同事处理工作时，犯了一个重大的错误。其实，以他的工作状态来说，出现这类问题绝不是偶然。这次错误让Chris被领导狠狠地处罚了一通，且此时公司资金链也出了问题，减员也成了人心惶惶的事。

Chris来公司只有一年时间，算不上老员工，虽然工作态度勤勤恳恳，也乐于助人，可他在本职工作上没有突出贡献。最终，公司没有留下Chris。在办公室收拾东西时，以往朝夕相处的同事劝他想开点，说他还年轻，不愁找不到更好的去处。话虽如此，可Chris的心里还是充满了酸楚。他回顾往日的经历，猛然发现，自己所做的每一步路都跟“吃亏”形影不离，这让他又恨又恼：如果当初懂拒绝，还会是现在的结局吗？

有句古语说：“可怜人必有可恨之处。”这里说的“可恨”，不一定是做了伤天害理的事，也有“咎由自取”的意味。就像Chris这样，他陷入窘境不能全怪别人，他也要为此事承担大部分的责任。为什么要接受同事不合理的请求呢？就算可以提供帮助，但起码要通过正常的程序进行交接，这样才不至于平白无故地吃“哑巴亏”。面对同事们过分的附加要求，Chris也是可以拒绝的，但很可惜，他没有这么做。

生活中像Chris这样的人有很多，他们放任自己吃亏的原因无非就是，不好意思拒绝。有时，心里很不乐意，但碍于面子却点了头。其实，大可不必如此。只要自己的做法没有原则性的问题，不必担心对方不高兴，更没有必要为了成全别人而自己受委屈。同事之间的关系是平等的，大家都是芸芸众生中的普通人，没有那么多的时间和精力，尽心尽力做好自己的事是本分，在有条件的情况下助人一种是美德，不接受附加的分外事也是合乎情理的。

人只要在完全能够自主选择时，才会活得轻松，并挖掘出自身的潜力。人际关系也是一样，如果不懂得拒绝他人的请求，就会被他人所牵制。把专注力放在自己的分内事上，拒绝不合理的请求，不是自私和无情，而是对自己的尊重和保护。面对那些不合理，你也没有必要放任自己一味地吃亏，大家都是各凭本事吃饭，谈不上谁亏欠谁。

第 4 章

界限：守住自己的底线，有些事不可轻易让步

拒绝≠自私，设定你的心理界限

当别人开口要求我们做一件事时，到底是该拒绝还是该接受呢？坦白说，这个问题很难回答，即便是面对同样的事，每个人的看法也不一样，因为个人的评判标准不同，拒绝的底线也不一样。

某电视台举办一场策划会，大家都各司其职地忙碌着，台里刚好有一位实习生，他的事情不算太多，主任就请他帮大家去买盒饭，每人一份，这顿饭算主任请客。没想到，实习生在听到这个要求时，表情瞬间变得很严肃，他很正式地对主任说："非常抱歉，我不会帮您去买盒饭，我学的是导演专业，来电视台就是想学习这方面的知识，不是来跑腿打杂的。"主任听到这番回答，虽然很惊讶，却也没有反驳。

这件事被曝光后，引发了网络和社会的广泛关注，而各界的看法也不一样。

有人觉得，这个年轻人很有主见，知道自己想要什么，该做什么，活得很真实，也很勇敢，不喜欢的事情就坚定地拒绝，不违心地难为自己。

有人把焦点对准了那位主任，结合自身的处境发表言论："领导们完全不考虑我们的感受，不管大事小事，我们的分内事还是他的私事，全都吩咐给我们做，我们不是下人，也需要尊重。"

还有人觉得实习生太小题大做了，并且直接拒绝了领导的小要求，缺乏尊敬，也有点自私。这样的年轻人与身边的人交流能力差，很难融入群体和社会，等等。

总之，这个盒饭事件，可谓是众说纷纭。我们很难评论，到底谁对谁错，因为事情总是多面的，不能片面地看问题，而是要从各个角度全面来分析。但通过这件事，我们也会发现一个事实：每个人的处境不同，拒绝别人的界限不同，因而对事情的看法也不一样。

什么是界限呢？简单来说，就是"心理界限"，它能让你能清楚地知道：哪些领域是你的，是别人不能侵犯的；一旦越界了，你就不再是真正的你，以及你想成为的你了。有了这个界限，在面对他人的请求时，你就知道该不该拒绝了。

有些人对"心理界限"心存偏见，会将其跟"自私"联系在一起。有人觉得，拒绝他人，往往就是不替他人着想，是冷漠的态度，这样的人是不会受欢迎的，可能会被孤立。事实上，这是对"心理界限"的误解。

约翰·汤森德博士写过一本书，里面专门讨论了"心理界限"。他说，"心理界限"健全的人，对于生活和他人都有明朗的态度，做事的立场也很坚定，观点清晰，有自己的追求和信仰；相反，生活中没有"界限"的人，恰恰是因为心理没有判断的标准，因而做什么事都举棋不定、态度暧昧，对待爱情、工作和生活，完全没有参考的标准。这样的人在与人交往时，总处于被动的境地，一旦别人态度稍微强势些，他们就会毫不犹豫地妥协和退让。

有一个妈妈独自带孩子出门，在所乘坐的车里认识了一位老太太。老太太要去旅行，身边还带着自己的小孙子。老太太很热情，主动跟这位妈妈交谈，家长里短的，一会儿问孩子的生日、年龄、名字、喜欢吃什么，一会儿又问女人丈夫和家里的情况，做什么职业、收入怎么样、家住哪里？被一个陌生人刨根问底，这位妈妈起初觉得很别扭，但因为不好意思，也不懂得拒绝，就如实回答了。

很快，意想不到的悲剧就发生了。

车到站时，老太太在众目睽睽下拽起女人的孩子就走，女人极力阻拦，引来不少的围观者。可是，老太太对女人和孩子的情况非常了解，大声把详细信息说给众人听，以至于所有人都相信了那位老太太……

故事中的这位妈妈，没有丝毫的防范意识，更没有清晰的拒绝界限，在面对陌生人的盘问时，没有保护好自己和孩子的隐私。倘若她事先在内心设定了一个拒绝界限，自然就会知道什么事情该拒绝，什么时候该拒绝。

设立拒绝界限不是盲目的、随意的，先要分清是非，做到公私分明。在集体中，要严守规则制度，不能做出格的事。然后，以此为基础，维护自己的利益，满足自己的“私”求，让自己活得更好。关于如何对“私”，我们不妨参考美国励志导师奥里森·马登的建议：

“如果一个人有自己的主见，他在任何人面前、任何场合都能够慷慨陈词，表明自己的想法，捍卫自己的利益。相信自己、坚定立场、坚持主张，你不但会让自己活得舒心而且也不会丢掉你的工作；如果你做事毫无主见，你在生活中就会瞻前顾后、畏首畏尾、胆小怕事，活得不自在，很憋屈。如果没有主见，你往往也会过低地估计自己的能力，害怕失败，不敢果断行事，因循守旧，在工作中很难有创新和突破。所以，缺乏主见的人在生活中常吃亏，在事业上难成功。”

奥里森·马登清楚地告诉了我们该如何设定拒绝的界限：当你在集体中时，要跟很多人产生关联，此时你要有主见，坚定自己的立场。因为，你坚守的是自己想要的东西，它体现了你的心声、你的愿望、你的尊严、你的价值，这些都是值得你去追求和捍卫的。

原则性的问题，不能向人情妥协

G到附近的化工厂办事。厂里有规定，进出门必须经过保卫处，他们对出行的车辆排查得非常严格，担心私运化学物品。来的时候，保卫处的执勤者认出来，他是某领导的亲戚，就笑盈盈地放行了。可离开的时候，情况就不怎么顺利了。

保卫处是轮班制，先前执勤的人走了，在岗的是一张陌生的面孔。他要求G停车检查，仔细翻看后备箱，就跟在进京检查站安检的过程差不多。G很着急，他正准备到机场接人，就显得有些不耐烦，毕竟真的不是“可疑人员”。

这时候，刚巧有熟人经过，就提醒执勤者，说：“这是咱们XX科长的兄弟……”G本以为，执勤者会直接放行，不料对方就跟没听见一样，依旧照例办事。见此情景，熟人也觉得挺尴尬，就多说了两句：“怎么脑袋这么不灵光，都说了他不是外人，犯什么傻啊！”

G说起这件事时，心里大概也有些许不满，觉得那个执勤者确实有点太较真儿。脑子灵活点儿，睁一只眼闭一只眼事情就过去了，自己轻松，还能落个好人，何乐而不为呢？

有这种想法的人，不只是G一个。毕竟，我们的传统观念一直都很强调“人情”，这已是约定俗成的事情。倘若没有人情味，冷冷淡淡的，很容易得罪人。从生活的角度上来说，这没什么问题，可置身于此，却要另当别论了。

化工厂的执勤人员检查进出车辆，本不算什么出格的事，完全是在按照规章制度走，有什么错呢？非要不同人不同待遇，就是聪明了？如果真的有人携带化学药品，非法运输，最终导致了药品泄漏、引发事故，谁来担这个责任呢？这不是游戏，而是牵扯到生命安全的大事，如果把问题的严重性提升到这个层面，我们是不是可以重新审视一下执勤者的“固执”和“不灵光”呢？

生活中很多这样的例子，有些糟糕的问题明明可以避免，却都因为“人情”二字网开一面，没有及时拒绝，酿成了无法收场的结局。也许，该反思的人不是那个执勤者，而是把工作和人情混淆、把规矩本分说成“假正经”的人，在潜意识里给老老实实做事的人冠上了一个“傻”的名号，却还自诩“聪明”的人。人情和原则，在工作上是并存的关系，一点儿人情味都没有，就是死板，可若不讲原则的话，也会引发麻烦。

姑娘YOYO的经历，至今说起，还令人心有余悸。

那是五六年前的事了，公司的股票交易员找她要老板办公室的钥匙，说要去办公，她没有多想，就直接给了对方。在此之前，也有同事这样做过，到总经理办公室打电话，她觉得应该不会有什么事，也就没有拒绝。

没想到，同事居然打开了老板的电脑，想要操作公司的股票账户。谁曾想，总经理居然在首页开设了两个账户，且密码都是一样的，出纳输入密码，交易员就进了老板的私人账户，卖了股票。等到下午的时候，他才发现自己操作错了账户，可当时已经晚了。

交易员很自责，打算引咎辞职，尽量把YOYO和出纳择出来，说自己是趁着她去复印的时候进去的，而出纳只负责输入密码，对股票的事情也不懂。这样的话，就不用三个人都来承担了。

当交易员把整件事情向老板澄清的时候，YOYO心里很难受，她觉着自己确有责任，倘若她拒绝交出总经办的钥匙，倘若看到他动总经理的电脑，能够抹开面子去制止他，也许就不会出现这样的事了。虽然主要责任在交易员，可自己的工作疏漏也难逃其咎。

后来，总经理跟YOYO估算了一下，大概损失了三十多万。总经理让交易员写检查，随后再决定如何处理，也没有单找YOYO核实情况。可是YOYO心里早已内疚得不行，她一辈子都忘不了这件事，为了讲人情而忽略原则，犯了难以挽回的大错。

我们都是有血有肉的人，长久地跟同事、客户打交道，自然会建立一种情感关系，无论是出于礼节，还是发自内心，说话办事都会考虑对方的感受，保持一份同理心。其实，这是挺难能可贵的事，做生意也好，职场合作也罢，笑脸相迎、融洽相处，终归能营造一个好的环境和氛围。问题是，当美好的人情碰到了原则的时候，到底该怎么办？

一位女老板，平日待人很好，办事也公正。她的下属中有外聘的员工，也有家里的亲戚，但在遇到事情的时候，她不偏不倚。为此，有人就说她冷漠，六亲不认。她有时候也觉得委屈，可想到公司要发展，就必须得有规矩，一视同仁。

她的公司从成立到现在，已经有10年左右了，发展势头一直很好。我想，这不仅仅是运气的问题，也因为她秉持原则的作风，才能留住外聘的人才。至少，跟着这样的老板，你不会觉得“冤”，做得好就能被重用，做得不对无论是谁都得挨批，没有所谓的远近亲疏，有的就是一个共同的目标。

讲人情没什么错，可人情永远不能取代原则。谈及生活的时候，懂得换位思考是修养；谈及工作的时候，原则就是堤坝，不能让人情的河越界。当人情泛滥成灾的时候，麻烦可能超出你的想象，后果你也未必担得起。有情有义，有规有矩，如此为人处事，才是“真聪明”。

再好的交情，也得有不可触的底线

向什么人开口说“不”是最难的？面对这样的问题，多半人可能都会说——朋友。这里说的“朋友”，指的不是泛泛之交，而是关系甚密的人。彼此间像亲兄弟、亲姐妹一样，对方有难势必不能袖手旁观，但帮忙也要酌情而定，不能越过自己的底线，也不能什么事都选择纵容，该拒绝的时候也要拿出一点态度。

潇的朋友不多，跟他相处最久的莫过于大学时代的舍友J哥了。

潇和J哥的性格截然不同，潇比较内向，不善言辞，但心思缜密；J哥大大咧咧，做事冲动，经常不计后果。大学毕业后，潇就跟J哥合租了一套房子。一开始，两个人相处得还算融洽，可渐渐地，潇发现J哥经常会留给他一些“烂摊子”。

J哥看别人遛狗挺有意思的，没跟潇商量，就私自抱回来一只小狗。可热情劲儿过去后，他就不管小狗的起居了，房间里又脏又乱，还不时地飘出狗尿味。潇只好替J哥担任起照顾小狗的责任，但也没有过多计较，他总觉得：这个世界上没有完全相同的两个人，既然是朋友，就得学会相互“包容”。

然而，接下来发生的一系列事，却让潇愈发难以忍受了。

J哥根本不会做饭，可心血来潮时，非要霸占着厨房“露两手”，结果弄得厨房一片狼藉。好好的食材都倒掉了，J哥也累了，丢下烂摊子就跑到外面吃烧烤，潇只好辛苦地去清理那一堆锅碗瓢盆。

不久后，J哥谈了一个女朋友，并带回家过夜。此时，潇就成了最亮眼的“灯泡”。为了避嫌，潇只好去外面的网吧。等第二天早上回家时，他看到茶几上全是残羹冷炙和空啤酒瓶，地上还有一堆烟头……潇花了三个小时，把才家里收拾干净，满腹愤怒。

待J哥下班后，潇忍不住质问：“这是我们俩合租的房子，能不能注意一下卫生？”J哥并不在意，说：“哎，咱俩又不是第一天认识，我上学时就懒……得了，晚上我请你吃饭。”

这件事就这样过去了，可让潇没想到的是，J哥犯的错误一次比一次严重。

那天晚上，J哥借走了潇新买的车。当时，潇真的很不情愿，但还是碍于哥们面子，把车钥匙给了J哥。没想到，J哥竟然酒驾出了车祸，肇事后还选择了逃逸。等到一天之后，警察找上门，潇才知道发生了什么事。等见到J哥，他非常气愤地说：“没想到你居然犯这么低级的错误！”

J哥虽也后悔，但此时的他还在开口向潇发出请求：“能不能借我点钱，我手头不够给人看病的……”这一回，潇终于拒绝了。他说：“咱们是朋友，我才一次次地帮你，但我不是你用来处理麻烦的工具。”

如果潇早一点认识到，朋友之间互相帮忙可以，但应当有限度，至少要确保各自独立的生存空间，可能就不会发生后来的一系列麻烦事了。不能因为彼此关系甚密，就有求必应，把容不下“不”的交情，算不得真正的友谊。

生活中，要避免像潇这样的遭遇，最早的办法就是“丑话说前面”。面对好友，不妨直接告诉他你所能容忍的限度，区分清楚彼此的责任所在，不要让对方觉得你可以为他做任何事，且将其当成是朋友的义务。

如果遇到了不通情达理的朋友，鱼死网破也是一种选择。认真说明你的观点，告诉对方，你不会为他惹下的麻烦承担任何责任。也许，在他失去你这个真正的朋友时，才会认识到自己的问题所在。倘若他还在意你这个朋友，必然会向你道歉；倘若他不理解你的意图，你也用不着为失去这样的朋友而难过。

其实，平时为朋友受点委屈、吃一点亏，不是不可以，但一定得有度，不能什么事情都选择纵容的态度。倘若朋友的请求或做法，已经超越了你的界限，或是完全违背你的原则，你就应该及时地、毫不犹豫地拒绝。这不是交情深浅的问题，而是做人的原则问题。

钱的问题要明算账，切忌含糊其辞

“Z是我的表姐，关系一直都挺好的。前些天，她打电话给我，哭哭啼啼的，说现在的处境特别难。之后，她就开口向我借1万块钱，说短期用一下，两个月之后还我。我特别为难，如果是她急需用钱，我肯定二话不说就帮忙，可问题是，这钱不是Z自己用，而是替姐夫还债。据我所知，这个表姐夫下岗后，一直没有稳定的工作，还经常四处去打牌。我担心这钱借出去不知道什么时候才能回来，况且近期我还想想拿这个钱去旅行。

“这件事让我很为难，我不想借钱给表姐，但又怕伤了我们之间的情谊。我也不知道该用什么借口来拒绝？直接说没有的话，表姐也未必会信……”

生活中，很多人都遇到过上述的难题，似乎钱和感情之间总是无法平衡，不是谈钱伤感情，就是谈感情伤钱。其实，遇到借钱的问题，没必要让自己那么纠结，掌握好一定的原则和拒绝的技巧，也就不那么难以启齿了。

通常来说，借钱给亲戚朋友，有些问题是必须要注意的：

· 坚持救急不救贫的原则

谁都有遇到急事的时候，倘若能为朋友雪中送炭，对方一定会对你充满感激，所谓的患难之交就是这么来的。可如果朋友的经济条件一直不好，你借出去的钱，他很可能还不上，那就要慎重考虑了。你也可以借钱给他，但数额不要太大，至少保证如果他无法偿还，你的正常生活也不会受到影响。

· 对方为投资借钱时要婉拒

如果朋友向你借钱是为了投资，而你又不太了解对方投资的项目，最好委婉拒绝。毕竟，把钱借出去要承担的风险太大，很可能有借无回。

· 就算是亲兄弟也要明算账

借钱给亲戚或朋友，如果数额较大，最好让对方打一个欠条，或是签订一份借款合同。现实生活中，因为金钱而闹到法庭上的亲戚朋友比比皆是。与其到那个时候无凭无据、反目成仇，倒不如把丑话说在前头，按照法律规定的程序走。

上述是借钱的原则，接下来我们要说的，就是如何拒绝亲戚朋友借钱的请求。这要从两个方面来说，一是自己的能力和实际情况，量力而行；二是衡量借钱的利弊，如果对方不太靠谱，那就不要借，否则的话，很有可能“人财两空”。

该拒绝的时候，不要不好意思说“不”，这里有几个拒绝的技巧，可供参考：

·以实情相告，直接回绝

如果碰到亲戚朋友借钱，自己又无能为力时，不妨坦诚地向朋友说明客观情况，直接回绝朋友的请求。当然，这些状况要是对方也能认同，这样不但不会伤感情，还能获得对方的谅解。

·以攻为守，先发制人

这就是先发制人的技巧，在对方开口之前，如果你已经清楚他的目的，不妨先把自己的“经济状况”说清楚，让对方知难而退。

A找到B，有点为难地说：“我今天想请你帮个忙。”B知道A做生意赔了钱，所以他一开口，B就猜到了是借钱的事。于是，B爽快地说：“没问题，你的事就是我的事，能帮的我肯定帮。如果是借钱的话，那我就帮不了，你也知道，我们家的经济大权是你嫂子管的，我平时买包烟还得伸手向她要。除了借钱，其他的事我都能帮。”听到这儿，A也就不好意思开口了。

·一拖再拖，缓兵之计

拖的意思是，暂时不给予答复。当对方向你提出要求时，你可以表态愿意帮忙，但出于某些客观原因，只能等一等，才能给出答复。拖，就是缓兵之计，对方可能会在此期间想其他的办法，你也能为自己找一个合理的理由。同时，拖，也是一种比较体面的借口，既不驳对方面子，也容易被对方接受。

不必要的加班，你有权委婉拒绝

提起工作上的烦恼，不少人都会想到两个字——加班。

情境1：

在某公司担任销售助理的M，基本上没有准时下班过，不是干不完活，而是不好意思走。她说："我住的地方离公司很远，坐地铁也要近两个小时的路程。公司规定的下班时间是6点钟，但我每天都无法准时走，因为办公室里的其他同事都在加班，主任就在隔壁的办公室，如果就我一个人走的话，实在太显眼了。其实，我做事并不拖拉，每天的工作任务早在下班之前就干完了，可我还是不好意思下班就走，怕被主任认为是'踩着点来，踩着点走'。"

情境2：

为了加班的问题，H已经换过一次工作，可烦恼依旧没有消除。

他说："以前，我在一家私企工作，公司的规章不健全，所有事都是老板一人说了算，只要他发话，我们就得留下来加班。在公司待了一年多，我没有一天准时下班过，有时周末还得陪着老板去参加应酬。为此，女朋友跟我抱怨了好多次。

之后，我从那家公司辞职，去了另一家外企。原本想着到了新公司，只要尽力干完自己的事，就能有自由了。可没想到，新上任的上司为了扩大业务，打算兼并几家小公司，我们就又开始了没日没夜的加班生活，有时到家都已经是凌晨了。最让我难以接受的是，有时没有我什么事情，可我也不能提前走，上司说要‘随时待命’。这种无端的加班，让我的心情和工作效率都受到了影响，挺无奈的。”

看到这两段有关加班的自述，我们会发现：对待加班的问题，有人是害怕他人的目光和评论，努力和周围人一样趋同，违心地加入加班大军；也有人是出于无奈，被上司无端地安排加班。其实，无论是哪一种情况，都有解决之道。

对于第一种情况，我们先要弄清楚一个问题：加班的目的是什么？如果是工作没有完成，加一点班把它做完，不至于影响明天的进度，那也无可厚非。如果当天的任务已经完成了，那就可以准时下班，没必要把时间“耗”在办公室里。

工作的态度，不是由加不加班来决定的，而是由工作的业绩决定的，你在有限的时间内把事情做到了极致，甚至超额完成了任务，就证明你是称职的。你要知道，有多少忙着加班的人，都是在“假装努力”，因为白天的工作时间被无端地浪费了，只能靠加班来找补。

做完自己该做的事，你大可以轻松坦然地离开岗位，去享受自己的生活。下班的时间是公司明文规定的，不属于擅自离岗，也不属于早退，没什么不好意思的。领导看中的是能力和业绩，而不是谁在办公室待得更久。换位思考一下：如果你是领导，是愿意重用一个做事效率高、准时下班的员工，还是愿意重用一个每天早来晚走、完不成业绩的下属？想必，多数人都会选择第一种，因为他们是真正的高效能人士，是值得委以重任的。

对于第二种情况，如果是领导安排了一些毫无必要的加班，你没有必要全盘接受，大可以巧妙地拒绝，这是你的权利，也是平衡之道。

W几乎每天都会准时下班，这让不少同事羡慕。其实，刚来公司那会儿，老板也经常要求W加班，由于是新人，业务也不熟悉，她就没有拒绝。可是，等她熟悉了各项工作内容和流程后，就发现许多加班都是没必要的，老板的担心也是多余的。于是，当老板再次要求她加班时，W都会拒绝。

有一次，W正准备下班，老板叫住她："W，这个项目比较着急，也是公司的大客户，不能怠慢。这样吧，你周六辛苦一点，到公司加个班，把它弄好。"W知道那个项目很重要，且她已经做得差不多了，只要周一上午写篇总结就行了，根本不需要加班。

W笑着回应老板："这个周末我有事，真的不能来加班。不过，您放心，所有的资料都已经准备齐全了，下周一中午我就能把报告做完。客户周三才到，我还有一天半的时间审查，保证没问题。"

老板有点儿不高兴，但也没有为难W。之后，W按照要求完成了任务，客户也很满意，老板之前的不悦也消除了，说她做事认真、效率高。之后，再遇到类似的情况，她都会按照实际情况给老板吃一颗"定心丸”，并在正常的工作时间努力把事情做好。见她做事很靠谱，老板也就没再提加班的要求。

老板要的是结果，而不是工作的过程。如果你能保证每一项任务都能递交给老板一份满意的结果，就不必为主动或被动的加班困扰。但如果你无法按时按量地完成任务，可能就需要加班来弥补一下，否则的话，就会失去上司的信任。

总而言之，把自己该做的事做好，用实力证明自己，不必用加班去迎合和讨好任何人。若是遇到特殊情况，需要加班加点，也不必过于计较；若是不必要的加班，大可婉言拒绝。从效率和结果上对工作负责，胜过做出“假努力”的样子。

对办公室里的性骚扰大声说“不”

在网络文学中，我们经常会看到“霸道总裁爱上我”的浪漫桥段。然而，在现实生活中，故事不仅没有那么浪漫，更多的时候，它还跟丑陋的“性骚扰”有关。

2002年3月，《北京青年报》进行的一项调查结果显示：

71%的女性表示曾经遭受过性骚扰。2003年，一家女性调查中心的调查报告显示：84%的女性遭受过不同形式的性骚扰，其中最大的受害群体是30岁以下的未婚职业女性，50%的性骚扰来自工作场所，其中36%来自上级。

毫无疑问，这些数据都在提醒职场女性，以及那些爱幻想的浪漫女生：办公室这个展示个人能力、实现个人价值的地方，也是性骚扰最容易发生的地方，绝不可掉以轻心，更不能迷迷糊糊。F曾就职于某互联网公司，在那家公司，她亲眼目睹了上级领导对女下属的性骚扰，以下是她叙述的经过：

“当时，我所在部门招聘的全是女生。有一个女孩子刚来公司，在试用期内，总监以她能力不强为由，找她谈过几次话，还让她写职业规划。有一天下班，都已经八九点钟了，那女孩在被总监留下写职业规划。第二天，这个女孩没来上班，她跟比较要好的同事说，前一天晚上差点儿被强奸。她写完职业规划后，拿给总监看，总监先说她做商务工作太放不开了，这样是没办法把工作做好的。然后，他就让这个女孩坐在他腿上，说要教她，其实是试图强奸她。这女孩一直哭着求他、推他，他把门反锁不让她走。这女生跟他说，她男朋友就在楼下，如果她一直不下去，他肯定会上来。总监想了想，就放她走了。女生到楼下后，跟男友讲述了这件事，两人随即报了警。警察来后，把他们都带回了警局，由于是强奸未遂，又没有证据，第二天早上总监就出来了，直接去了单位。

“这个女孩后来辞职了，并发邮件给老板，详细地讲述了事情的前因后果。老板让行政调查这件事，并约部门内的人进行了谈话。后来听说，这个总监已经不是第一次做这样的事了，每次都是利用女下属快要转正的时间让她们害怕，如果不从的话，就以开除来威胁她，也算是他的套路吧。在这个女孩之前，有三四个女孩都被侵犯过，并因此离职。在职的这些女下属，也经常会受到一些言语上的骚扰，比如想带她们出差等等。后来，老板把总监降成专员，派到了外地的分公司，但不久后又调回，接手了一个新业务。不过，整个公司的人差不多都知道了他的为人，没有人愿意去他的部门。过了一段时间，他就自行辞职了。”

面对令人反感和作呕的性骚扰，许多职场女性都是默默地承受，甚至不敢对骚扰者说“不”。之所以出现这样的状况，一方面是出于爱面子，不好意思说；另一方面是对职场性骚扰缺少保护自己的意识，有些女性认为：如果性骚扰没有到强奸的地步，很难引起重视；不确定自己是否受到了性骚扰，认为只是玩笑……这些想法和表现，变相地鼓舞了性骚扰者。

那么，在办公室里遭遇了性骚扰时，到底该怎么做呢？是躲避、屈服，还是打击、报复？显然，默默承受肯定是不行的，会让骚扰者变本加厉；可若直截了当地回击，可能会给自己的工作处境带来麻烦，也不太可行。相比之下，下面这几条拒绝法则更有技巧性：

· 修炼平常心，拒绝成为他人的话柄

杜绝性骚扰，首先从自我做起，为自己穿上一层厚厚的盔甲，保证自身的安全。

通常，在面临升职加薪，或是想跟上司搞好关系的时候，最容易成为他人的话柄。但是，别人怎么说并不重要，重要的是自己要树立鲜明的立场。对待得失，要多一份平常心，不能急功近利，而让自己成为主动投怀送抱的形象。要给自己树立一个正面的形象，不穿过于暴露的衣服，和异性同事接触时要保持合适的距离，避免在别人看不到的盲区和异性同事、上司单独相处。

· 遭遇性骚扰不要怕，勇敢地说出来

如果因为偶然的疏忽，给对方留下了可乘之机，此时不要害怕，也不要犹豫，马上让对方知道你的态度。此时，表情要严肃，目光要坚定，以鄙夷的口气大声训斥骚扰者。你要让他知道，他做的事情是错的，如果他依旧我行我素，那么你越是大声斥责，别人听到的机会就越大，而你获救的希望也越大。

如果你是单独会见上司，害怕期间遇到此类事件，不妨去之前跟好友打声招呼，每隔一段时间就让其给自己打一次电话，这样既能保证自己处于安全状态，也能提醒对方不要乱来，否则你的朋友会在第一时间报警。

· 未逃过“魔爪”时，要尽量收集证据

如果你做了充分的防范，还是没能逃过骚扰者的“魔爪”，也不要选择沉默，要将对方诉诸法律。在此之前，你要注意收集证据，如记录下你和对方的谈话或视频，保存对方不坏好意的“礼物”，甚至有意识地让对方的家人知道此事，打有准备之战。

面对性骚扰，自我防范是首要的，当你感觉到那种令人不安的眼神传来时，不要躲避，勇敢地抬起你的头，用鄙夷的目光回敬过去，用鲜明的态度告诉对方：你已经处在越线的边缘了，如果再进一步，别怪我不客气！

倾听有限度，不做“情绪垃圾桶”

在简·奥斯汀的小说《傲慢与偏见》中，有这样一处情节：

丽萃在一次茶会上，耐心而专注地听一位刚刚从非洲旅行回来的男士讲话，听他叙述路程中的所见所闻，整个过程，她几乎没怎么说话。可是，分别的时候，那位男士却对别人说，丽萃是一个多么擅长言谈的姑娘啊！其实，丽萃只是做了一个好的听众，可是在对方心里，这样的倾听胜过滔滔不绝的回应，给人留下的印象也是善解人意、温婉美好的。

在与人交往的过程中，倾听是一项重要的沟通能力，也是突显个人修养的一种方式。有人愿意与我们分享心情，意味着他把我们当成了亲密可信的朋友。有些人为了维护彼此间的良好关系，亦或是维护自己“善解人意”的形象，无论朋友何时何地向自己倾吐，无论自己是否真的有时间、有情绪去倾听，都选择默默地接受，让对方像倒垃圾一样把所有的苦衷统统丢给自己。对方倾吐后获得了畅快和安慰，而他们却要慢慢去消融这些失落和烦恼。

Linda是个善解人意的姑娘，虽不是心理咨询师，可周围许多朋友都愿意把自己的心声说给她听。Linda每次都耐心地听对方诉说，还时不时地为对方的遭遇而落泪。时间久了，她就变成了公认的被倾诉者。一旦有哪位姐妹情感上遇到了挫折，就会把Linda约出来，向她哭诉自己的难过。其实，她们也很清楚，Linda不可能帮她们解决所有的问题，只是她们在特殊的时期，太需要释放负面情绪了。

渐渐地，Linda发现，自己的时间越发不够用了，而且情绪也受到了影响。每个星期早微信上都有人跟她念叨杂七杂八的事，她又不好意思不回应，有时还要占用工作的时间。随着时间的流逝，姐妹们曾经对Linda说的那些话，对她产生了潜移默化的影响。特别是有两个女性朋友的丈夫接连出现外遇，她们对男性的看法就是“天下乌鸦一般黑”，这让Linda也不禁对先生产生了猜忌之心。

从心理学的角度来说，Linda是被消极的情绪催眠了。她并没有觉察到，自己在倾听朋友的诉说时，许多负面的情绪已经渗透到了她的生活中。结果，她不但无法帮助朋友解决实际问题，还让自己掉进了悲观情绪的深坑。这种暗示越强烈，对Linda的影响就越大。显然，她对朋友而言，已经不再是一个有血有肉、有情感和情绪的人，而是一个“树洞”。

我们不反对听朋友倾诉，但一定要有所觉察和选择。当身边的某个朋友总是向你传递一些消极的情绪和思想时，你就要提高警惕了。这样的谈话会在不知不觉间产生催眠效应，如果你发现每次跟这个朋友聊天后，自己都会陷入到失落之中，那就是不良倾诉带来的后遗症。

那么，该如何避免让自己成为他人的情绪“垃圾桶”呢？

·对浪费时间而无实际用途的谈话说“不”

忧郁的情绪是会传染的，当你自身的情绪不是特别稳定时，很容易就会把你击垮。如果有一个带着悲观情绪的人在你面前反复出现，不时地向你吐露两句丧气话，你一整天的心情都会受影响。所以，对于这种既浪费时间又没有实际用途的谈话，一定要说“不”。

·不得不倾听时，只入耳不入心

作为朋友，不可能总是躲着对方。如果没有办法，必须要听对方倾诉时，记得只入耳别入心。你要知道，对方只是想找个人说话，你可以把这件事当成任务去做。听完之后，不要多想，也别反复琢磨，这样才不会对自己产生负面影响。

·多给自己积极的暗示，保持好心情

无论是工作还是生活，难免会受到他人不良情绪的干扰。我们不能左右他人的言行，但可以控制自己，不断给自己积极的暗示，努力保持好心情，这样可以有效地驱散消极暗示带来的影响，帮自己提升原动力。

真诚不是毫无保留，拒绝被打探隐私

“我13岁那年，父亲就生病去世了，这件事一直是我不愿意提及的伤痛。从中学时代到大学，我结识了不少的朋友，每次问及家庭情况时，我总是含糊其辞，很少直面回答。其实，我内心挺纠结的，总觉得别人对自己挺好的，应当把家庭的真实情况和自身的经历都告诉对方，可我又不知道怎么说……”

与人交往，保持一份真实和坦诚，无疑是值得称赞的品行。毕竟，人是群居动物，需要友情，也需要被关心、被了解，但这种坦诚不代表要把自己的一切都告诉对方。我们有权保留自己的秘密，那些真正值得深交和信任的朋友，如果意识到了你在回避这个问题，出于尊重和理解，一定不会再多问；若是不顾你的感受，死缠烂打地打探你的隐私，这样的人根本算不得朋友，而你也不必为此烦恼，大大方方地回绝就好，因为这是你的权利。

Rose所在的办公室里，有一位爱打探隐私的女同事，对他人的恋爱史和家庭私事尤其上心。有一次坐班车时，Rose碰巧跟那位女同事挨着，车上坐着的全是公司的员工，有本部门的，也有其他部门的。刚上车一会儿，那个女同事的“老毛病”就犯了。

“你结婚了吧？你爱人现在做什么工作？工资待遇怎么样？在这边买房了吗？”她的问题像连珠炮一样，一个接一个。Rose刚到这个单位不久，还没有在人前说过自己的私人生活，也从来不去打听别人的私生活。周围的很多同事听到这位爱打探隐私的女同事这么咋呼，都把好奇的目光投向Rose。

面对眼前的情景，Rose有点尴尬，但她不想满足大家的好奇心，更不想让人看热闹。于是，Rose就开始跟那位女同事打马虎眼，含糊其辞地回答：“是……普通员工……够我们生活的……你有楼盘要介绍吗？”女同事见问不出什么实质性的内容，而Rose的态度又略显冷淡，也就主动闭上了嘴巴。

初与人相识时，适当地自我暴露，可以有效地消除对方的戒心，迅速地建立良好的人机关系。但前提是，这个交往对象必须是真诚的。显然，Rose的同事是一个爱打探隐私的典型，对于这样的人，切记不能用纵容的态度如实回答他们提出的所有问题。一不留神，你的自我暴露，就会变成流言蜚语的原材料。

当别人的询问让你感到不舒服，触及到了你的心理界限时，千万不要勉强自己去回应。你有权利为自己的隐私保密，真诚是与人为善，但不意味着毫无保留。有些问题，当你不想回答时，完全可以大大方方地告诉对方：“我不太想谈这个话题，请谅解”；亦或者，用腼腆、幽默的方式去回应，也是可以的。比如，不想回答自己的年龄，大可以笑着反问对方：“你为什么想要知道呢？”再如，被问到婚恋的情况时，也可以稍微羞涩地说：“我还是想保持一点儿神秘感。”

需要说明的是，在拒绝他人的提问时，尽量不要用“无可奉告”“暂时保密”等词汇，这会让彼此之间的关系蒙上浓雾。避免过于率直的拒绝，巧妙地把话说得温和一点，对方才能接受你的回答，并且明白这些事情是你不愿谈及的，而不再多问。

不玩暧昧的游戏：爱就深爱，弃就彻底

认识他的那年，她19岁。

他和她，都是喜欢泡论坛的网虫。她的文字，总是带着淡淡的忧伤，从她发表第一篇故事开始，他就注意到了她。他从未主动在论坛给她发过私信，但总会抢占沙发的位子，回应着她的心声。慢慢地，她的心就像找到了依托，因为她明白，世界上有一个人在倾听她。

或是好奇，或是感动，她发了私信给他，内容是9个数字。很快，她的QQ来了验证消息，是他。他们开始你一言我一语地聊着，没有问彼此的姓名，只是像熟识的老朋友一样，天南海北地聊着。后来，他们互留了电话。

那是她生命中最黑暗的日子，每天挂着眼泪醒来，带着眼泪睡去。情窦初开的她，一心爱着那个笑起来有两个酒窝的学长，可他却在临近毕业时提出分手，跟他的女同乡去了上海。她觉得自己很傻，明明一切都结束了，却还不肯死心。她不想跟谁讲话，也不想当着谁的面痛哭，只是把心情都化成字符，敲打在屏幕上。

那么巧，她遇见了他。他25岁，年少时眼睛受过伤，至今右眼看起来还有点歪斜。生命中的意外，改变了他的人生，尤其让他在感情路上

吃尽了苦头。他先后交过两个女友，每次恋爱都掏心掏肺，最后却还是没能逃过“被分手”的劫数。

他从未向她说起过自己的故事，只是做她的听筒，安慰她的情绪。渐渐地，他们之间的关系变得特殊了，他对她不只是朋友的关心，还有一种爱恋在里面，虽不那么明显，却能在言辞之间透出淡淡的情意。

冬日的午后，他们相约在某公园门口见面。她白皙的皮肤，清秀的五官，宛若清水芙蓉，笑容淡淡的，像一株木棉花。他说话做事就像一位兄长，和她谈美食、谈旅行、谈工作。临近傍晚时，天空飘起了雪花，场景是那么的浪漫，可她无心享受，她心里想起的人，还是那个最熟悉的陌生人。

其实，和他谈心的这三个月，她不是一点儿好感也没有。只是，那份好感有很大一部分都是因为内心的痛苦和空虚。他的存在，恰恰在她最需要温暖的时候，弥补了一个缺口。她也曾幻想过，如果他看起来就像离开的前男友，也许真的是上天对她的眷顾。可现实跟她开了玩笑，他完全不是她想象中的样子，也不是她喜欢的类型，更何况，在面对面交谈的时候，她也清楚地看到了他那只受过伤的眼睛。

她知道，她和他是没有结果的，或者说，她不会选择他。他不知道她的心思，以为付出就会有回报，终有一天他会把她感动。他向她婉转地表白了，她的回答是，我心里住着一个人，没有位置。他说可以等，她便没再多说。

她对他的态度，一直冷冷淡淡。唯有心里难过的时候，才想起给他发一条消息。他却从不厌烦，每次都在第一时间回复她的消息。她承认，她贪恋着他给的安慰，他给的包容，她想过从此消失在他的生命里，让他寻找到真正适合的人，可她没那么做。

他们之间的关系，既不像朋友，也不像恋人，时而联络得频繁，时而互不相干。可她知道，在她需要帮忙的时候，他会第一个出现。他的存在，给了她安全感，也给了她继续爱的勇气。可惜，这份爱的主人，不属于她。

两年之后，在旧日同学的牵线下，她交了新男友。沉浸在幸福中的她，没有时间和心思再去想那个陪她走过生活低谷的他。身边的室友兼闺蜜目睹着这一切，在她跟新男友约会归来谈笑风生的时候，直爽的室友冷冷地笑了一声，问："你这算什么？如果你不爱他，当初为什么还要联系他？就因为，你贪恋着他对你的好，享受着他对你的喜欢，是不是？现在，你遇到了合适的人，就当他不存在了吗？我们是朋友，但我实在不能接受你的爱情观。"

她知道，室友是性情中人，心里没有怪她。更何况，她说的字字句句都是实情，她有什么可怪罪她的呢？从头到尾，错的人都是她。她从未真心喜欢过他，可是为了弥补感情的空白，她还是自私地霸占了他的爱。到现在，她依然没有告诉他，她已经有了新的归宿。

这一切，该怎么开口呢？她的心，忽然痛了起来，觉得自己好残忍，好自私。她拿出手机，给他发了一条短信：对不起，再见。

从此，她没有再跟他联络，而他也彻底消失在她的世界里。这场没有开始就结束的暧昧，让她完全明白一件事：感情，真的不可以滥用。爱就深爱，不爱就拒绝，在爱与不爱间纠缠，最是伤人。

每个人都知道，暧昧的滋味不好受。只是，当自己走进爱情的迷宫时，往往就会在不经意间扮演那个主导暧昧的角色。明明不爱那个人，却不懂得拒绝，或是不想拒绝，害怕对方的一腔热情被冰冷的拒绝浇灭，也害怕失去那份被人呵护、被人关照的温暖。

然而，这种夹在爱与不爱之间、说不清道不明的情感——暧昧，最是令人痛心和无奈。我们都有追求爱情的权利，但也要理智地控制自己的心，不要滥情，不要败给寂寞，不要输给渴求温暖的贪念。爱就深爱，不爱就离开，坦坦荡荡，直直白白，也许在感情的空白期会少了一点温暖，可那是对爱的珍惜，也是对自己的尊重。

第5章

态度：当你温和而坚定，拒绝力自然提升

与他人太过亲密，会让你丧失拒绝力

动物行为学家康拉特·罗连茨曾经提到，刚孵出来的大雁幼鸟，会把当时离它最近的罗连茨当成母鸟，一直追随他。人类也有与之相似的行为，胎儿在母亲的腹中，母亲抚摸自己的腹部，胎儿的身体就会记住这种被抚摸的舒适感。这种身体接触的体验和知觉，具有不可逆性，就像难以消除的印记一样，受到终生的强力支配。

说这些的意义是什么呢？其实，就是提醒我们：当你把自己置身于对方触手可及的范围内，你就有难以拒绝对方要求的可能。换而言之，想要保持拒绝力，就得学会与人保持适当的距离，让自己时刻保持可拒绝的状态。一旦靠得太近了，你可能会不好意思拒绝对方，这样一来，就无端地给自己造成了困扰。即便是关系很好的朋友，也应当亲密有间。

薇薇和M是合租的室友，关系很好，M经常向薇薇借衣服。起初，薇薇也没有介意，毕竟如同闺蜜，借一件衣服也无妨。后来，薇薇却发现，M的行为已经触及到了她的底线。

在没有得到薇薇许可的情况下，M经常会翻看薇薇的私人信息，如照片、信件，甚至是手机上的消息。这些都是薇薇的个人隐私，她有一种被“侵犯”的感觉，可一想到今后还要继续在一个屋檐下相处，也就忍着没说。有时，她也会暗示M不要乱看自己的私人消息，可M却不以为然，说：“你也可以看我的呀！”

有一次，薇薇看到M戴着一对很眼熟的耳钉。她翻看自己的抽屉，果不其然，就是男朋友送自己的那一对。她特别珍爱，一直都没舍得戴，就放在化妆盒的最后一个抽屉里。没想到，M竟然私自拿出来戴上了。

薇薇再也忍不住心中的怒气，质问M：“你都没有问过我，就把那对耳钉拿去戴了，不觉得过分吗？你这跟偷有什么分别？”听到“偷”这个字眼，M也急了，说薇薇“小家子气”，随便侮辱人……昔日的好友变成了针锋相对的仇敌，曾经苦苦维系的关系，瞬间化为泡影。

亲密有间的相处方式，不是没有道理的。事情会发展到这一步，不是M一个人的问题，薇薇自己也要承担部分责任，是她没有给M以合适的距离感，才让M大胆地踏入了她的私人领地。说到底，是薇薇没有事先划清楚界限，让M知道有哪些事情是不可以做的，她才会一而再再而三地触碰薇薇的底线。

拒绝，是保护自己的一种方式。为了给自己创造一个舒服的、自由的、安全的私人领地，不要盲目地给任何关系加温。关系犹如人脑，一旦太狂热了，就容易失去理性。保持理性，才能保持拒绝力。如果有人不断向你靠近，甚至已经威胁到了你心理上的势力范围，就要及时地向对方喊“stop”。当亲密有失分寸时，就会导致裂变，最终分道扬镳。

不仅仅是朋友之间需要保持适当的距离，就算是情侣或夫妻，也要亲密有间。再爱一个人，也要给对方独立的空间，不能试图把对方紧紧地攥在手里，那会让对方感到无法呼吸。过度的亲密会变成压力，让人感觉压抑，并且想要逃离。

其实，像刺猬一样相处，才是维系关系的智慧。找到一个合适的距离，既能获得对方的温暖，又不会被对方的刺伤到。人与人之间要保持适度原则，距离产生美也不是无稽之谈。靠的太近并非好事，必要的时候，还是要保持一点距离，每个人的内心都需要这种安全感。

客气一点儿，拉开彼此的心理距离

N在经济上遇到了一些困难，想开口向一位大学同学借钱。虽说原来两个人的关系挺亲近的，可自从工作以后，都是网络联系较多，见面的次数很少。最近，难得有机会约见面，N知道那位同学境遇不错，有意想请求他在金钱方面给予自己一点支援。

见面后，N忽然发觉有点儿不对劲。过去，大家在一起有说有笑、胡乱开玩笑，可这次见面，同学的态度却跟以前不同了，说话的时候很正式，基本上没有调侃。点菜的时候，同学很客气地把菜单递给N，就像对待客人一样对待他。

原本还想开口跟同学提借钱的事，可见此情形，N怎么也开不了口了，直觉和氛围似乎在提醒他：他和你的关系不似从前了，还是不要开口的好……就这样，在拘谨的状态下吃完那顿饭，N就跟同学告别了，自始至终没有提过钱的事。N觉得，不仅这次不会提，以后恐怕也不太好意思去找对方帮忙了。此一时彼一时，大概就是如此吧！

你可能也有过和N类似的体会：昔日的朋友，在一起嘻嘻哈哈、谈天说地，彼此都不会感到太拘束。突然有一天，对方变得客气起来，不再轻易跟你开玩笑，说起任何事都是一本正经的样子，你会感觉再用从前那样的方式和他相处，似乎不太合适了。

为什么会有这样的感受和行为变化呢？因为，客气会让人感到拘谨和见外，不能在对方面前随心所欲地去做任何事。但凡求人者，最喜欢的都是拉进彼此的关系，比如声称“一家人不说两家话”“咱俩谁跟谁”之类的。总之，为了消除生疏感，会想尽办法消除客气，弥合彼此间的心理距离。

也许，N的同学早已经预料到，N和他见面可能会有一些请求，但他近期自己的事情都顾不过来，没有心思去帮任何人，所以事先摆出了一副客气的姿态，拉开了彼此的心理距离。

所以，想提升拒绝力，不妨学会客气。这样的话，一方面能让你更容易把“不”字说出口，另一方面也能让对方不好意思提出请求。就像直觉和氛围带给N的感受：彼此都这么生份了，如何求人呢？

表现出客气的态度时，一定要坚定，不能一下子就被对方的诚恳感动。许多人都是因为太容易感动，结果忘掉了客气，最后在不好意思的情况下，接受了对方的请求。说客气话的时候，不能跟对方套近乎，这样不利于拒绝。如果对方试图与你套近乎，你要保持头脑清醒，不要沦为对方的“感情俘虏”。一旦落入了情感陷阱，就很难再开口说“不”了。

听对方把话说完，再开口拒绝也不迟

当别人向我们提出请求时，就算内心不太愿意，已经有了拒绝的打算，最好也不要打断他人的话，立刻就用“不”字去堵对方的口。我们说过，拒绝不代表与对方的关系决裂，而是表明自己的立场和态度。人与人相处，要将心比心，你能让对方理解你为何会作出这样的决定，即便这一次你没有答应他的请求，也不会闹得形同陌路。

在拒绝他人之前，还是应当真诚、耐心地听对方把话说完，让他确认你是尊重他的，而不是一点机会都不给对方，直接说“不”。如果双方都能在平静、愉快的交流下知道对方的真实想法，哪怕你回绝了对方，对方也不会因此误会你。与此同时，在倾听的过程中，你还能够更加清楚地认识一个人，了解他的处境，以便具体问题具体分析，找出恰当的解决之道。

“亲爱的，你现在手里有多少钱，能告诉我吗？”

被闺蜜这么一问，路娜突然有点不知所措，毕竟这牵涉到个人隐私的问题。可她们是多年的好友，直接回绝的话，恐怕会伤到对方的面子，面对这个难为情的问题，路娜只好含糊其辞地告诉她：“咱们认识这么久，我的薪资状况你都知道，不吃不喝全攒下，又能有多少？”

闺蜜见路娜很为难，意识到自己的问题有点冒昧了，虽然是好友，可在钱的问题上还是很私密。闺蜜不好意思地说：“你工作也有十年了，再怎么说也比我攒的钱多吧？我想跟你借钱，付给你利息，和银行一样。”

路娜这时总算知道了闺蜜的真实想法，她心想：借钱还要给利息，想必数目一定不小，不像以前似的，两三千块钱救个急。左思右想之后，路娜对闺蜜说：“咱俩关系不错，你也清楚我的情况，我就是一个北漂，日常开销全靠这点死工资。我虽然没成家，可每个月还要给家里寄回去一部分，基本上就是月光了。你这么着急借钱，做什么用呢？”

“我想买房。”闺蜜如实相告。

路娜听了这个回答，又开始思索：买房子需要不少钱，自己真的是心有余力不足。以前，闺蜜找自己借钱，都是小数目，而自己也没拒绝过。可是，这一次不一样。她跟闺蜜说：“买房子是好事，但也需要不少钱。你怎么这么着急买房呢？我连想都不敢想啊！”

闺蜜叹了一口气说：“我也是被逼的。现在结婚了，过年过节总有亲朋友好友来拜访，我们现在住的地方太小了，家里老人过来都没地方住，现在就想着凑个首付。这次向你开口，也是碰碰运气。”

听闺蜜这么一说，路娜松了一口气，看闺蜜的样子，也并未因为自己拒绝借给她钱而生气。她悬着的心总算落地了，转而安慰闺蜜：“原来，你是来我这里碰运气的。不过，你遇到困难能想到我，我也很开心，只是我的情况你知道，实在是有难处。”

闺蜜连连表示没关系。之后，路娜就跟闺蜜一起分析她的现状，在经过冷静的思考后，闺蜜也觉得自己的想法太冲动了，欠缺考虑，自己的经济条件根本不具备买房的能力，借钱买房更是不太明智。最后，她决定可以先租一个大点的房子，延迟买房的计划。

我们在前面也说过，借钱的问题不能掉以轻心，哪怕是亲戚或朋友，感情很深厚，在钱这个私密的问题上，也要有自己的原则，能帮则帮，不能帮也要说明原因，不能因为不好意思而勉强接受自己力所不及，或是不情愿的请求。

从路娜处理闺蜜借钱的过程中，我们也能够看出一点：耐心、冷静地听对方说话，了解对方的想法和处境，有助于我们判断是接受还是拒绝？最后，就算是拒绝，也可以帮对方出谋划策，另辟蹊径，寻找更好的解决办法。当然，在倾听的过程中，也要有限度，该拒绝的时候要表明态度，不能让对方觉得你立场不坚定，模棱两可。

拒绝的态度要坚定，话却要点到为止

当别人提出的请求，违背了你的个人原则或价值观念，拒绝是必然的选择。然而，古语提醒我们："良言一句三冬暖，恶语伤人六月寒。"拒绝的目的，是让对方明晰你的态度，但不是用言语攻击对方，让他感觉向你提出请求完全是自讨苦吃。

拒绝的态度，一定是要坚定的，不能含糊其辞；然而，拒绝的话，点到为止就行了，要给对方留个台阶。对于那些算不上完全无理的要求，不要全盘否定或断然拒绝。当你无法作出最后的决定时，更要措辞谨慎。

陈老师在某高校担任文学讲师已经有20年了。最近，文学院进行了教师职称评选，作为文学院的元老级人物，陈老师没有入选，这让他内心愤愤不平，想最后再争取一下。为此，他在评定结果公布之前，跑到了校长家里询问情况，也希望借此向校长诉苦求情，让自己能够评上职称。

校长热情地接待了陈老师，双方刚一入座，陈老师就开门见山地对校长说："校长，我想知道，这次评职称我有希望吗？"

校长没有直接回答，而是先给陈老师到了一杯茶，笑着说："喝点茶，最近身体怎么样？”

陈老师听后，只好接过茶杯，暂时按捺住内心的焦虑，回应说：“还好。”

校长说：“那就好，现在你们这些老教师，可是咱们学校的宝贵资源，青年教师还需要你们辅导和帮带呢！”

听了校长的话，陈老师觉得自己似乎还有希望，他连忙说：“作为老教师，我也会尽力，但不知道我是否能……”

其实，校长早就知道陈老师登门的目的，他顺着陈老师的话说：“不管这次评得上评不上，学校都要依靠你这样的老教师。你经验丰富，教学得法，学生的反馈也不错。我想，对于一名教师来说，这一点比什么都重要，你说呢？”

陈老师叹了一口气，只好回答说：“是啊！”

校长见陈老师有点泄气，又说：“这是你们文学院第一次评审，历史遗留的问题很多，僧多粥少，有些教师这次暂时还很难如愿，只能等到下一次。这只是时间问题，相信大家都能谅解，不管怎样，我们都会尊重并公证地评价每一位老师的劳动，特别是你们这些辛苦了几十年的老教师。”

陈老师听了校长的话，明白了校长的意思，不由得生出一种敬畏之情。同时，他也很感激校长，没让自己处于尴尬的境地。陈老师点点头，没再多说什么，坐了一会儿就告辞了。

回顾校长和陈老师的谈话，整个过程中，校长对陈老师表示出了充分的尊重，肯定了他的辛苦付出。虽然拒绝了他，可拒绝有度，点到为止，没有让陈老师觉得尴尬。这种方式值得我们效仿，如果不晓得拒绝的话要怎么保持一个合适的度，也可以引用名人名言、俗语谚语，来表达自己的意思或观点。这样既增加了话语的权威性和明确度，也不用浪费太多的口舌去解释，还能达到点到为止的效果。

我们要多掌握一些拒绝他人、点到为止的技巧，如为他人提建议的时候，安慰一下他的心情，向其表明自己的难处，激励他人勇敢面对。这样的拒绝，不要让人感觉你是置身事外的旁观者，而是觉得虽然你拒绝了，但你还在跟他一起想办法，依然是真诚待他的朋友。

给出充分的拒绝理由，获得对方的理解

“能帮我做一个PPT吗？”

“真的有点忙，实在不好意思。”

“噢，不着急，明天做也可以的。”

“……”

“你不是说想买电脑吗？我刚好要换电脑，手里这个也是九成新的，你考虑一下？”

“哎，我现在穷死了，哪儿有钱买电脑呀！”

“钱的事儿不用着急，电脑你先拿走用，什么时候有钱再给我就行了。”

“……”

上面的两个情景，你应该不会感到陌生，甚至许多人还亲身经历过。别人提出了一个请求，你不太愿意接受，言语上也作出了一些表态，可对方似乎并不接茬，弄得你不知道该怎么回应，落得了半推半就的结局。

问题到底出在哪儿了呢？归根结底，就是没有让对方看清楚你坚定

的拒绝态度。

在拒绝的过程中，不是说一句“我有点忙”“我手里没钱”等托词就能让对方善罢甘休，而且这种回答还可能会让对方觉得你不够真诚，甚至将其当成突破口继续跟你纠缠，直至你妥协，答应他的请求为止。

真正有力的拒绝，一定要给出充分的理由，坚定自己的立场。这样做是绝对必要的，如果你在拒绝别人之前，没有想好充分的理由，很有可能就会被对方的理由说服，毕竟他是来求助的，肯定很着急，也必然有所准备；你的理由不充分，在双方交涉的时候，就会显得苍白无力。看看推销员和客户之间的对话，你就会发现这一点，当客户的拒绝理由不充分时，推销员就会趁机说服，而这一策略往往能让他胜出。

客户A：“我现在很忙，你别再打扰我了。”

推销员A：“先生，您没听过洛克菲勒说过的话吗？‘一个月天天埋头工作，不如花一天时间来想想更好的生财之道。’我们不需要您一天的时间，只需要15分钟跟您商谈一下即可。请您定一个方便的时间，我们周二、周五都会在您公司附近，可以在周二上午或周五下午来拜访您。”

……

客户B：“你说了这么半天，不就是在推销这个产品吗？”

推销员B：“我是销售员，说不想卖产品是假的，但前提是，你买了我的东西能够获得你期望的价值，这样我才会卖给你，有关产品价值这方面的内容，我们可以找个时间一起讨论下，我下周一过来好，还是周五过来好？”

……

客户C：“你说的这个活动，我不想参加，丝毫没有兴趣。”

推销员C：“这个我理解，让你对自己不了解的东西感兴趣，那是不可能的。正因为此，我们才要亲自给您详细讲解一下产品的性能，我们周一或周三来拜访您，好吗？”

……

从上面的三组对话中，可以清楚看到：当客户的拒绝理由不是特别充分时，推销员就拿出了充分的理由说服对方，这样做既可以表达对客户的理解，也说出了产品对客户的价值，让客户很难再拒绝。

如果你想拒绝别人，从一开始就要给出充分的理由，这样才能站稳立场，并获得对方的理解，消除不必要的误会。拒绝的理由不一定要很多，但一定要能有效地达到目的。

合情合理的说不，不会伤害彼此的情谊

活得纠结的人，往往都是想得太多。然而，生活有时并没有那么复杂，碰到事情的时候，也不必绞尽脑汁地去想，到底是该接受，还是该拒绝？为人处世需要有情商和智慧，但也需要遵从自己的内心，而不是刻意去伪装自己，只想向他人展示自己身上美好的一面，把苦楚全都留给自己。

当你想拒绝别人的时候，用不着去找各种借口来掩饰真实的想法，更不必以亏欠的姿态百般解释。选择拒绝，必然是有理由的，否则的话，就不会做出这样的选择。只要你的拒绝是合情合理的，即便对方会有一点儿不悦，他也会敬重你的真实和坦诚，不会伤害彼此之间的情谊。

玛丽的朋友扭伤了脚，1个月内无法正常行动，她请求玛丽帮她开车。碍于彼此间的情谊，玛丽接受了，认为朋友身陷困境，再难也要帮她一把。于是，接下来的1个月里，玛丽在朋友和工作之间两头忙活，疲惫不堪。

然而，结果并没有玛丽想得那么好。她本以为，朋友会感激她的

辛苦付出，可事实是，朋友对玛丽的帮忙不太满意，认为她总是迟到，不够守时。玛丽为了照顾朋友，自己的工作受到了影响，老板认为她心不在焉。一时间，玛丽焦头烂额，身心俱疲。为了一个勉为其难的“接受”，让自己落得这样的下场，玛丽也为自己感到不值。

身处玛丽的位置，很多人也会觉得，朋友陷入困难之际，确实不好回绝她的请求。事实上，问题也没那么复杂，只要拒绝得合情合理，既可以保证自己的生活不受影响，也可以赢得朋友的理解。我们就依据玛丽遇到的情况，展示另外的一种处理方式。

“你的脚扭伤了，我很难过。你能在这个时候想到我，我觉得很欣慰。但是，我这次真的帮不了你。”

“为什么？”

“我近期的工作事务太多了，实在无法保证时间安排。我知道你的情况特殊，也需要帮助，但我希望你谅解，我确实没有时间。”

“咱俩关系这么好，我才找你的。”

“正是因为我珍惜咱们之间的情谊，才坦诚地告诉你实情，让你知道我的现状和心里真实的想法。如果可以的话，我肯定会帮忙，但这次真的不行。”

“你现在好像只关心自己的事情……”

“我知道，这样说的话，容易被误会，但情况真不是你想得那样。”

“你说的话，我听着很不舒服。”

“你想多了，我不是因为不在乎你才拒绝，是因为我之前已经答应了领导，近期会全身心投入到新项目中，这是信用问题。所以，我现在没办法帮你了。”

“我还是觉得自己不被重视。”

“你这样想也正常，谁都希望别人能把自己放在很重要的位置上。你冷静一下，听我说，我们现在不要浪费时间去争吵这些了，最好还是想想办法，看能够找到谁来照顾你。我们俩一起商量一下，看这个问题该怎么解决。”

“你说得也有道理，还是想想怎么解决问题吧。”

“嗯，你也认真想想，我也琢磨一下。你不要难过，好好养伤，有空我就过来看你。现在，我还有工作要忙，先不跟你聊了，再见。”

拒绝本身不是直接引起他人的反感和抵触，关键在于“如何拒绝”。特别是在面对熟人的时候，如果能在拒绝之后，给出合情合理的解释，往往都能赢得他人的理解。如果条件允许，且对方接受，可以提供替代方案，实现双赢的结局。

人人都在意自尊，哪怕是在被拒绝的时候

回忆一下：你有没有被他人拒绝过？在被拒的那一刻，你是什么样的感受？

相信每个人的感受都不一样，有人会觉得很尴尬，有人会觉得很生气，也有人觉得可以理解，关键不在于个人的气量，而在于拒绝者的态度。如果对方拒绝了我们，但态度很真诚，并且表现出了对我们的尊重，那么这样的拒绝，更容易让人接受。

人际交往中有一个黄金法则：用你希望别人对待你的方式，去对待别人。在被拒的那一刻，你希望对方尊重自己，那么在你拒绝别人的时候，也要给予对方足够的尊重。

英国前首相狄斯雷利，在上任期间，有一位野心勃勃的军官想让他加封自己为男爵。狄斯雷利知道这位军官很有才能，手握重兵，需要跟他维持友好的关系。但是，这位军官并不具备被封为男爵的条件，他不能为其破例。

为了这件事，狄斯雷利很苦恼：直接回绝的话，那位军官自然会不高兴，如果因此引起内部矛盾或是其他问题，那就得不偿失了。如果答

应军官的要求，就有失公平，甚至会得罪更多的人。

但是，狄斯雷利很快就面露笑容，因为他想到了办法。他命令人拿着自己亲笔写的邀请函，到军官府去拜访，邀请函上写着：请军官某日来首相官邸，首相将单独会见你。

军官看过后，不禁想到：首相肯定是同意了的自己的要求。于是，他高兴地按时赴约。谁知道，刚一见面，首相就坦白地对他说："很抱歉，我不能给你男爵的封号，但我可以给你一样更好的东西。"接着，狄斯雷利放低声音说："我会告诉所有人，我曾多次请你接受男爵的封号，都被你拒绝了。"

军官先是一愣，接着点头答应，满意地离开了。很快，这个消息就传出去了，大家都称赞这位军官谦虚无私、淡泊名利，对他的礼遇和尊敬远远超过男爵。为此，军官也成了狄斯雷利最忠实的伙伴和军事后盾。

军官请求加封男爵的目的是什么？无非就是名利和荣誉。出于公平，狄斯雷利拒绝了军官的请求，但他抓住了对方的真正需求，换了一种方式来给予对方想要的东西，让军官感受到了尊重。这样做的结果，不但让狄斯雷利保全了自己的威严，也成功俘获了军官的忠心。

Nina在一家跨国公司担任总经理，由于工作能力突出，后被调到总部工作。临走之前，她设宴款待相处已久的同事们。原本是一场离别的宴会，没想到，最后变成了同事集体"送礼"的局面，这是Nina万万没想到的。她不想收下大家送来的贵重礼物，可当面拒绝又不太好，会让气氛变得尴尬。

其实，Nina很清楚同事们的“心思”，无非是希望能在工作上受到提拔。每个人都有这样的心愿，但现实情况是，一个萝卜一个坑，坑没有那么多。倘若收了大家的礼，即便是提拔了其中的一位，也会落人话柄，产生误会。与其如此，倒不如全都拒绝，落得一身轻松。无论今后谁被提拔，都是凭借自己的能力上去的，无可厚非。

所以，Nina只好暂时先把礼物统统收下，并在上面记录送礼人的名字，以便原物奉还。待酒宴结束后，Nina对同事说：“我本来不想拒绝大家的好意，只是没想到会收到这么多的礼物。在这里，我先对大家说声谢谢。不过，我马上就要出国了，这些东西也带不走，放在家里真的太浪费了。虽然我去了总部，可大家在工作上有什么问题，咱们依然还可以保持沟通。将来若有什么好机会，我一定会尽力推荐。这些礼物，还请大家拿回去吧。”

听到Nina这样说，同事们只好各自拿回了自己的礼品。

与人交往时，多站在他人的角度去思考问题，多给他人多一点余地，尽量不要伤及对方的自尊。毕竟，每个人都很在意自尊，哪怕是在被拒绝的时候，将心比心，才能换来他人的理解和尊敬。

第6章

沟通：换一种方式表达，别直截了当地说不

婉转地表达你的态度，不要那么生硬

人的一生都是在不断拒绝中度过的，无论说话还是做事，有选择就必然会有放弃和拒绝。只是，在面对别人提出的不合理要求时，如果直来直去地拒绝对方，未免会伤及对方的面子，认为你不够尊重他，进而产生不满情绪，严重的话还会让你多一个“敌人”。所以，拒绝别人时不要过于生硬，最好温柔缓和一些，多一点技巧和智慧。

丘吉尔不喜欢总是把孩子挂在嘴边，因此很少与人谈及孩子的话题。有一次，某大使对他说：“温斯顿·丘吉尔伯爵，你知道吗？我还一次都没有跟您说起过我的孙子呢！”丘吉尔拍了拍他的肩膀，说道：“我知道，亲爱的伙伴，为此我十分感谢。”听到这样的回应，对方便不再往下说了，因为他已经知道，丘吉尔在拒绝谈论这个话题。

每个人都会说“不”，可怎样说“不”，却要费一番思量。不信的话，你可以自己对比一下，同样一件事情，用不同的表达方式说出来，带给人的感受是不同的：

——“我认为你说的不对”VS“我不认为这种说法是对的”

——“我觉得这样不好”VS“我不觉得这是个好主意”

虽然前后的意思差不多，可在拒绝别人的时候，显然后者更加委婉，容易被人接受。在日常生活中，如果我们能够做到，不伤害对方，也不为难自己，才算得上是拒绝的上上策。这需要我们掌握一些委婉拒绝的技巧，来避免不必要的尴尬。

·传递出“同意”的初衷，随后说出自己的难处

朋友邀请你周末去郊游，而你已经有了自己的安排，此时，你不妨对朋友说：“我早就想跟你一起出去玩了，可是，我昨天已经和XX约好了……”这样的回答，虽然是拒绝了朋友的邀请，但他内心能够感受到你的诚意，也就可以理解你。

别人想给你的工作加码，你可以这样拒绝：“没问题，可我现在的任务太多了，有点忙不过来，你能不能过段时间再来找我？”这样的回答，表面上没有断然拒绝，把主动权交给了对方，但实际上已经让对方知晓，你此时此刻，甚至在短时间内，都无法答应他的请求。

·敷衍式的回答，把矛盾引向其他的地方

有人托你帮忙办事，你不好意思直接拒绝，可以告诉对方：“我们单位是集体领导，我不是唯一的负责人，这样的事情必须经过领导小组讨论，才能作出决策。不过，现在这样的事情恐怕很难通过，如果你实在要坚持，那也只能等大家讨论后再说，我个人说了不算。”听到这样

的回答，对方通常都会无奈地说：“那就算了吧，别让你为难。”

· 答非所问的拒绝，比直接说“不”好得多

当对方问你：“这件事你能不能帮忙？”你可以告诉对方：“我待会儿要去参加一个很重要的会议。”显然，你的回答根本不是针对这个问题的，但对方会从你的话语中感受到，你暂时无法满足他的请求，他只能采取其他的办法。

言语是需要包装的，特别是拒绝的话，否则的话，既不雅观，又会伤人。即便你是一个性格直率的人，也不妨碍你委婉地说话。在不伤害他人的情况下，婉转地表达出自己的想法，是我们需要学会的人际交往之道。

先认同后拒绝，避免让对方感到难堪

在美国某电子公司的会议上，总经理拿出一个自己设计的商标，让大家发表下看法。

在阐述他的设计图案时，总经理说：“这个商标的主题是太阳，和日本的国徽很像，我想，日本人肯定非常喜欢这款产品。”多数与会人员都恭维总经理，说他设计的主题怎么怎么好，一定很有销售前景。

有一位年轻的销售部经理并不太赞同。不过，他也没争论什么，只是淡淡地说：“我担心这个设计太好了。”总经理听了有点诧异，可还是保持微笑，说不太理解他讲的话，希望他阐述下理由。

年轻的销售部经理不慌不忙地说：“这个设计和日本的国徽确实很像，我也相信它能在日本大受欢迎，可公司瞄准的是整个亚洲市场，不单单是日本。日本人喜欢它的设计，那么中国人、韩国人、马来西亚人会喜欢吗？如果他们都不喜欢的话，会不会影响我们制定的整个销售战略？我想，为了一棵树而放弃整个森林，有点得不偿失。”

总经理听了这样的解释之后，连声叫好。

从这件事中我们不难看出，要向有一定权威的人表示反对的意见，或者拒绝他的建议，一定得讲究一些技巧和策略。销售部经理先是说担心“它太好”，照顾了经理的自尊，认可他的看法，让他在众人面前保住了颜面。接着，他又说出自己的看法，减少了对方的失望感和不愉快，让对方有一个心理上的缓冲，最后坦然接受他的看法。

其实，这就是生活中很实用的一种拒绝技巧——先认同后拒绝。

E小姐下班时，被公司其他部门的一位男同事叫住。在此之前，他们有过几次接触，E小姐也明显感觉出，对方似乎有意向她展开追求之势。E小姐有一个原则：杜绝办公室恋情，即便不在同一部门也不行，这种恋爱方式，势必会影响到人际关系和工作状态。

果不其然，那位同事邀请E一起去听音乐会，说话的时候还把音乐会的票递给她。遇到这种情况，直接把票退回去，似乎不太合适。E小姐接过音乐会的票，认真地看了一下，真说：“噢，这场音乐会我之前看过介绍，挺不错的呢，曲目我都很喜欢。可是……”说着，她从包里拿出记事本，翻看了一下，补充道，“真不好意思，我刚看了下备忘录，那天已经约了人，很抱歉，没办法和你一起去了。”

那位男同事表示没关系，可以理解。之后，E小姐双手把票退还给那位同事，再次对其表示感谢，然后客气地与之告别了。

先认同后拒绝的巧妙之处在于，在认同的过程中，给予了对方尊重与认定，也让其有了被拒绝的心理准备，更容易接受被拒绝的事实。当然，在运用这一技巧时，态度一定要诚恳，让对方体会到你的诚意。与此同时，说话的语气要放松，不要急躁，不然的话，对方会认为你没有经过思考就草率地拒绝，是对他的轻视和伤害，最后甚至会影响彼此的关系。

此外，有些合情合理的请求，需要慎重考虑后，再做决定。如果最后实在没有办法，也要给予对方一些安慰，并且诚恳地提供其他建议作为参考，减少对方的失望感。

自我嘲笑一番，用幽默裹住尴尬

现在，请你思考一个问题：如果你的经济条件不如某人，在他遇到金钱方面的问题时，他会找你借钱吗？如果你的学识阅历不如某人，在他遇到撰写文书的麻烦时，他会劳烦你代笔吗？

毋庸置疑，答案是否定的。这就可以解释一个事实：他人之所以会向我们发出请求，是因为他们认为我们有能力做到这件事。假如我们确实有这样的能力，但内心不太想接受对方的请求，该怎么办呢？最简单有效的方式就是，用自我嘲笑的方式降低姿态。

有一次，林肯总统收到了一张邀请函，是某报纸编辑大会发来的。林肯非常清楚，大会的组织者邀请他的目的，就是看中了他的总统身份，想借助总统的地位和影响力，提高大会的知名度。林肯很不愿意出席这类活动，可为了彻底解决此类问题，他还是决定出席。

到了发言的时刻，林肯承认自己不是编辑，不适合出席这种活动。为了让理由听起来更充分，他还特意讲述了一个幽默的故事：

“有一天，我到树林里散步，一位妇女骑着马迎面而来。我立刻站到路边，给她让出小路，奇怪的是，她并没有继续往前走，而是在我身

边停了下来，盯着我的脸看了半天。然后，她对我说：‘我刚才仔细地回想了一下，我真的没有见过比你更丑的人。’

“我平静地回答：‘你说得没错，可是我也不想这样呀，能有什么办法呢？’

“妇人用略带嘲讽的口吻对我说：‘确实如此，你无法选择自己的相貌，只能接受。但是，你可以选择待在家里，为什么非要出来呢？’”

听完林肯的故事后，所有人都被逗得哈哈大笑，同时也被他的谦逊和幽默折服。林肯借助这个有趣的故事，嘲笑自己长得丑，不适合出来露面，也是在委婉地向各种活动的组织者表达自己的态度。他的表述听起来很滑稽，可又亲切可爱，即便是拒绝，也让人乐意接受。

自嘲，是幽默的一种表达方式。心理学家佛洛依德认为，如果用幽默的方式与人亲近或拒绝他人，更容易被对方接受。这种方式是被社会普遍认同的，它能让人把压抑在内心深处的情感和思想释放出去。谁在遭到他人拒绝的时候，心里都会有些不舒服，但又羞于说出自己的不愉快，可有了幽默的表达就不一样了，它能让我们无须再顾虑重重，在轻松愉快的交谈中表明自己的拒绝之意。

20世纪50年代，总统杜鲁门因为有事召见了麦克阿瑟将军。麦克阿瑟表现得很无礼，他没有征求总统的意见，直接拿出烟斗装上烟丝，把烟斗叼在嘴里，等到他拿着火柴准备点火的时候，才来征询杜鲁门总统的意见，说：“总统先生，我抽烟您应该不会介意吧？”

他已经摆出了要抽烟的架势，再来征求总统的意见，显然只是做做样子。当时，如果杜鲁门说他很介意，肯定会显得他粗鲁无礼，又很狭隘。可是，如果他默许的话，那就等于接受了麦克阿瑟无礼的傲慢言行，这让他很没面子。

幸好，杜鲁门总统很机智，他没有做出失礼的举动，而是运用了自嘲。他看了麦克阿瑟一眼，自嘲道："没关系，将军，你可以抽烟！我想，任何一个美国人脸上被喷的烟雾，都不如我脸上多。"这番恰到好处的自嘲，让杜鲁门表现出了幽默的一面，并拒绝了对方在他面前抽烟的请求，同时也让麦克阿瑟意识到了自己的问题。

自我嘲笑的拒绝方式，犹如跷跷板，在抬高别人的同时压低自己，以便实现拒绝的目的。为了不作违心的决定，为了融洽的人际关系，不妨在恰当的时候自嘲一把，用笑声裹住尴尬，让拒绝变得温和有趣，又不失态度。

讲出自己的难处，让拒绝更加真切

当别人有事请求我们帮忙时，往往会选择大肆诉苦，说自己的处境如何艰难，以便博得同情和感动，让我们生出不好意思拒绝的心理。事实上，如果你不想答应对方的请求，不妨以其人之道还治其人之身，把自己的难处也讲出来，让对方知道，你的处境不比他容易。

为什么许多人会成为他人依赖的对象？遇到什么问题都找他想办法，碰到什么麻烦都让他帮忙解决？就是因为他自恃勇力，从不肯诉苦。承然，在别人需要时伸出援手，能够突显一个人的价值，可时间久了，也容易变成请求者们的头等求助对象，让自己陷入源源不断的麻烦中。

总是显示出自己的强，会降低你的拒绝力。适当的时候，我们还是要示弱一下，说出自己的苦处。况且，生活本就如此，谁都没有三头六臂，也不可能一手遮天，即便你有强大的内心和体力，也架不住长期的消耗。一味地逞强，所有的困难都自己扛，也不利于身心健康。

X所在的办公室，有一位同事突然离职，公司暂时又没有找到合适的人选，原本需要三个人完成的工作，就落到了她和另外一位同事身上。那位同事先休完产假回来，状态也不算太好，还需要照顾孩子，X为此不得不多承担一些。

为了按时完成工作，X经常加班，这样的状态差不多持续了三四个月。X实在扛不住了，不想再没日没夜地工作，就找老板倾诉自己的压力，并拿出医院的体检报告，要求加派人手。老板见此情景，很惊讶地说："我一直以为你们能应付得来呢，你怎么不早说？"

很快，老板就外聘了两个新员工。新人到位后，虽然对工作流程还不太熟悉，但X的工作量明显减小了，她总算长舒了一口气。

事实上，积极、有目的的诉苦，是很有效的沟通方式。在拒绝这件事上，也能发挥奇效。诉苦是一种能力，也要讲究分寸，不能太过夸张，也不能矫揉造作，要通过真实具体的倾诉，达到让对方动情的目的。诉苦的时候，一定要有耐心，不能怀着抵触情绪，烦躁地拒绝他人。那样的话，就算你的理由是真实可信的，也会让人不舒服。

Mark是单位里的中坚干将，最近领导安排他负责一项权责以外的事，弄得他头晕脑胀。他是第一次接触这类工作，许多地方都不太清楚，导致工作进度异常缓慢，且焦虑的情绪也不断蔓延。就在这时，领导又派他到外地参加一个业务研讨会。

原本工作的事情就已经让Mark心烦意乱了，一听到出差的消息，他再也按捺不住内心的焦躁和抵触，不自觉地用强烈的口吻拒绝了领导的安排，说："不行，我去不了，手里这么多事情，让我焦头烂额的，根本没心思参加研讨会。”

听到Mark这样回应，领导也很生气，说：“行，那以后就不麻烦你了。”

显然，Mark的情绪不是针对领导，而是被太多杂乱的事情干扰所致，让他失去了对自我的把控，在不经意间驳了领导的面子。其实，他不是不可以拒绝，如果在表达的时候多一点耐心，说明自己的难处，如：“我也很想去参加那个研讨会，但您看，我现在手里的工作实在太多了，不能再拖延进度了，从精力上来说，也的确有点顾不过来……”，这样入情入理的解释，领导也未必不理解。

该承担的义不容辞，扛不住了不要勉强。我们都不必成为故作坚强、死撑到底的人，压力太大的时候，就要学会放松。诉苦不等于承认自己是弱者，它是一种拒绝额外压力的方式，也是一种自我保护的理性选择。

表达你的同情，安抚对方的情绪

拿破仑·希尔说："同情在中和酸性的狂暴情感上，有很大的化学价值。"

我们所遇到的人中，有一半以上都渴望得到同情。即便是面对一个脾气最坏的顽固的人，如果你对他说"对于你的遭遇，我感到十分同情。如果我是你，我的想法也会跟你一样"，他也会软化下来。在拒绝别人的请求时，如果能把同情加进去，可以有效地安抚对方的情绪。

塔夫特总统总结人际交往的经验时，得出这样一个结论：同情是化解恶感最有效的药物。他曾经写过一本名为《伦理中服务》的书，里面举了一个非常有趣的事例。

"一位住在华盛顿的太太，其丈夫在政界也是很有名望的人。她缠着我将近两个月的时间，说让我帮她的儿子安排一个职位。为了达到目的，她还请求议员中的几位参议员给她做说客。我不是不想帮她，而是因为那个职位需要的是技术型人才，已经有人为我推荐了一个人合适的人选。显然，我不能够答应她的请求。

"很快，那位太太写信指责我，大致是说我忘恩负义，我当初劝说她那一州的代表赞助我的一项重要法案，而今我却全然都不记得了。我拒绝了她，让她心里很难过，很不开心。其实，她是想说，我只要做一点事举手之劳的事就能让她愉快，而我却不愿意。

“看到这封信的时候，或许很多人都会想到立刻回复，用严正的措辞回击她的无礼，并真的这样做。可我想说，你可以写，但是写过之后你最好把它锁进抽屉，过两天之后再拿出来。到那个时候，也许你就不会想把信寄出去了。我就是这样做的。

“之后，我很冷静，用最客气的措辞给她写了一封信。我说，我能够体会到一个母亲的心情，也能感受到她在遭受拒绝后的失落。我坦白地告诉她，安排谁去担任那个职位不是我一个人的决定，与个人的喜恶无关，而是选择最合适的人才，这也是我接受了他人推荐的原因。我表示，很希望她的儿子继续在原来的岗位上工作，作出更大的成就。

“结果，那封信让她消了消气。她回复了一封简短的信给我，说为她上次的言行感到抱歉。由于我委任的那个人无法在短期内上岗，那位太太也得知了这个消息。所以，几天之后，我又接到了一封署名是她丈夫的信。但我发现，信上的笔迹跟前两封信一样。信上说，他太太因为这件事有点神经衰弱，卧床不起，胃里可能已经长了瘤。为了让她早日恢复健康，他希望我能够让他的儿子顶替那个已经委任的人。

“我假装不知道实情，给他的丈夫回了封信，说但愿他太太的病况是误诊，对她所遭遇的一切表示同情。只是，要撤回已经委派的人是不太可能的事了。几天之后，那个人就要上岗。之后，我在白宫举行了一个音乐会，这一对夫妇早早就来了会场，并向我致敬。”

盖慈博士曾在他的著作《教育心理学》一书中写道：“人类普遍地追求同情，孩子们会急切地显示他受伤的地方，有的甚至故意把自己割伤、弄伤，以博取大人们的同情。”何止是孩子会这样？成人也是一样。

如果你想让别人接受你的思想，就要对他人的想法和愿望表示同情。如果你希望在拒绝之后，消除尴尬和误解，也别忘记送出你的同情。切记，表达同情时要拿出百分之百的诚意。

给予被拒者一些力所能及的补偿

许多人不敢拒绝，就是害怕面对拒绝后的尴尬。毕竟，在拒绝面前，每个人都有一颗失落的心，那种空空的感觉很难受。可如果一件事情你实在无法应允，必须要拒绝对方，也不必太过纠结，遵从自己内心的决定即可。在拒绝之后，你可以试着通过弥补对方的心理空白，消除拒绝后的尴尬。

在人的心理机制中，心理补偿效应的作用是很明显的。只不过，它是一种潜意识行为，没有多少人会意识到它的存在，可一旦遭遇拒绝或失败，就会不自觉地冒出来。看看下面的这些独白，你会有更加深刻的体会：

“那家公司也不怎么好，薪资待遇不算提高，就算录用了我，我也未必会去。”

“说是精英选拔，其实就是挑出来最能干活的人，去背更沉的担子。我不希望工作压力那么大，现在这样也挺好的，至少落得个轻松自由。”

“她也就长得好看点儿，其他地方也没什么好的，整天摆着一张冰冷的脸，好像全世界都欠她的，一点儿生活情趣也没有。”

“现在这单位虽然小点，可至少能得到领导的器重，先前许多心仪的大公司，未必能给我提供这样的机会。”

细细琢磨这些话，无疑就是在被心仪的公司、异性拒绝后，或是竞选失败后，给予自己的心理安慰。如此种种，都是补偿效应在作祟。所以，在拒绝了他人的请求之后，一定不要忽视对方的心理补偿需求，可以主动给予对方一些安慰，化解双方的尴尬。

如果你无法满足对方提出的请求，那可以帮他做一些力所能及的事情，作为补偿。当朋友心急火燎地找寻解决方案，他只想到了向你求助，而你又觉得这条路不可行，此时你就可以向他提供另外的一条可行之路，如：“你刚才说的这件事，我恐怕无能为力，但我有另外一个建议，你可以试试看……”如果你提出的建议能被对方所接受，那自然是皆大欢喜；就算对方认为不可行，至少你也在尽力帮他了，可减少对方的挫折感以及对你的怨恨心理。

在使用心理补偿机制的时候，一定要表达出你愿意帮忙的诚意，缓解对方的被动局面。大致来讲，你可以采用以下几种方式，来弥补对方空白的心灵。

· 感同身受

面对面地安慰对方，让其觉察到你内心的波动，这直接影响着安慰效果。如果你能够对求助者的遭遇感同身受，就能最大限度地分担他的痛苦。对于被安慰的人来说，这也是给予他们最好的礼物。

·坦诚相待

安慰别人时，如果不知道该说些什么，也不用太过焦虑。事实上，你可以实事求是地告诉对方："可能我无法理解你的感受，也不知道该说些什么，但我真的很关心你。"这种坦诚和直白，也可以给予被安慰者莫大的支持。

·设身处地

对于一些身陷囹圄的朋友来说，他们可能也无法说清楚自己真正需要什么样的帮助。此时，就需要你设身处地思考一下，对方需要哪些帮助，提供一些力所能及的方便。

·提供资源

安慰别人时，虽然不需要帮对方解决实际问题，但可以向对方提供一些可用的资源，如专家、朋友，或是书籍、电影，等等。

·体验成功

当对方心灰意冷时，不妨帮他回顾一下成功的体验。如果他曾经在某个领域获得过荣誉，你可以这样说："听说你以前得过XX奖？当时是什么感觉？"听他将过去的成功经历和体验，能让其慢慢忘掉不愉快的事，重新找回自信。

第 7 章

应变：

灵活地处理问题，让对方主动放弃

无声胜有声，沉默也是有效的拒绝

“我是从事教育评论工作的，经常要出席一些家长会之类的活动。每次活动中，我都受邀做演讲，可在演讲过后，我却总是遭遇尴尬。因为，我会习惯性地询问听众：大家有什么问题吗？可以提出来讨论一下。10次有9次，基本上都是鸦雀无声，全场的听众都盯着我，让我有点不知所措。我不知道，是听众们真的没有问题，还是我太过敏感？总之，这种沉默令我不知如何自处，哎！”

这是一位学者在遭受“冷遇”时的感受，听众的沉默令他不自在，有一种被忽视、被拒绝的体验。那么，当我们想拒绝一个人的请求，可又不好意思开口，总觉得尴尬和惭愧时，能否用沉默来表达自己的态度呢？答案是肯定的。你可以选择用沉默来应答，它能帮你拒绝很多事，特别是摆脱那些你不愿意牵扯进去的麻烦事，这种拒绝方式会显得很自然。

“我刚来公司一个多星期，就有同事发来请帖，邀请我参加一个聚会。事实上，我不太爱热闹，也不太想参加。我琢磨了半天，该如何拒绝对方的邀请，可思前想后，觉得怎么说都不太合适。为了不影响工作，我就暂时把这件事搁置了。没想到，一忙起来竟然把它给忘了。结果就是，我没有给予对方任何回复……后来，我发现，同事似乎也没太在意，可能请帖当时是随意发的，我那不经意的沉默，也让我避免了直接拒绝的尴尬。”

有一个问题需要说明，不是任何事情都可以用沉默来回应。这种拒绝方式，最适合容易陷入争论的情境。我们都知道，“不”是一个令人失望和沮丧的回应，会直接降低被拒者完成某件事情的希望，可如果他们迫切地想要实现自己的目标，就会想办法用各种理由来说服你接受。即便你给出拒绝理由，他们也有可能会纠缠。

银行业务员：“小姐，我们新推出了一款信用卡，你要不要看看？”

你：“对不起，我已经办了好几张信用卡了，暂时不需要。”

银行业务员：“是吗？那您经常带着几张信用卡出门，也不太方便吧？”

你：“还行吧。”

银行业务员：“其实，您完全不用这么辛苦，只要办理我们银行新推出的信用卡，真的能一张卡走遍天下，它在全球八百多个城市都可以随时享受我们的优质服务。这个月是推广月，现在办理还有礼品赠送，并享受免年费的优惠……”

你：“……”

此时的你，该怎么回应？你本来是想拒绝的，可因为言语不到位，让对方有了可乘之机。更有意思的是，你每给出一个拒绝的理由，都会成为对方进一步推销的理由。继续与对方争辩，如果自己不够狠心，很有可能会被业务员的凌厉攻势驳倒，怎么办？

此时，最好的应对办法就是——沉默。沉默，往往被人们错误地认为是思想的沟通出现了问题，认为是无法传递信息的体现。不管对方如何吹嘘他的东西，只要你保持沉默，不予理会，对方很快就会自知没趣，主动离开。因为，他得不到预期的回应，气势和信心会随之降低，最终不得不放弃。

鲁迅说过：“沉默就是反抗的最好表现。”没有语言的回敬，往往能够取得比激烈的辩解更好的效果。在你想表达拒绝，而又不知该如何做时，可以选择用沉默代替言语。你的沉默和无言将不断地消磨对方的热情，让人失去继续说下去的信心。

请注意：如果别人向你提出了不合理的请求，比如性骚扰、冷暴力、欺压等，就不要保持沉默了，这会助长对方的气势。此时的你，一定要强烈地表达不满，积极地采取自我保护的手段，坚决地抵抗，让对方停止错误的言行。

截话拒绝，让对方自动放弃请求

男生和女生是大学校友，经常在自习室相遇。渐渐地，男生对女生产生了爱慕之情，女生也觉察到了。男生一直在找机会向女生表白，期望早点获得爱情。某天午后，他们又在自习室相遇，刚巧自习室里没有其他同学，男生就鼓起勇气开始了他的告白计划。

男生说："我想问问你，是不是喜欢……"刚听到这里，女生立刻就把话截断："你借给我的那本小说，我很喜欢呀，看了两遍呢，真不错。"

男生以为女生没有理解自己的意思，又说："嗯，你看不出来我喜欢……"没想到，女生又把话截断："我知道你喜欢古典文学，以后有机会咱们一起交换读书心得吧？"

男生回应道："好，你有没有……"女生再次打断他的话，说："有啊！好想切磋，向你学习，我早就有这个想法呢！"

这时，男生已经不想再争取了，他明白，女生是不想跟他发展恋爱关系，不愿意他把这层窗户纸捅破。要是直截了当地回绝自己，可能连同学、朋友都做不成了。想到这儿，男生虽然有点失落，但还是挺感谢女生的，至少没让彼此感到尴尬。

我们都知道，随意打断别人的话是不礼貌的行为，但这仅限于正常的沟通交流。倘若要拒绝对方，又不愿意把彼此的关系闹得尴尬，截话拒绝就是可行的。正所谓，具体问题具体分析。就像上述的案例中，女生对男生没有爱慕之情，不想接受他的告白，在察觉对方有意吐露心声时，就选择了故意截话，不让对方把事情挑明，在避免尴尬的同时，也让男生领会了她的意思，主动选择放弃。

之前我们提到过，在拒绝他人时，可以耐心地听其把话说完，这是出于对请求者的尊重。但是，有些问题是不能等对方说出口的，不然的话，反倒会让气氛变得凝重。比如，当对方想说一些秘密时，如果等他把话说完，你就知晓了秘密，也就不得不参与其中了。一旦参与了，万一今后有了什么变故，你必然会背负上泄密者的骂名。面对这样的问题，截话拒绝就是明智的选择。

当你意识到对方要说的话题，且知道听他叙述后再拒绝，会影响关系或氛围，那就最好快速截断对方的话，按照另外的思路来作答。这样一来，既能转移其他听众的注意力，也能让发问者领悟，更改话题，避免因说破造成尴尬的局面和其他的负面结果。如果对方没有立刻明白你的态度，你又无法挑明，那不妨继续打断他的讲话，重复两三次，他自然就会懂得你的意思。

截断他人的话，要讲究时机和技巧，恰当而巧妙地把自己的话插入到正题中，这样不但能避免让说话者难堪，还能引导其说话的兴致，有助于和谐融洽的交流。面对不同的情境和场合，截话、插话的方式要有所区别，切要注意几点重要的原则：

· 顺题立意

在没有听明白对方的谈话时，随意抢话、插话、乱发评论，是不尊重对方的表现。在截断他人说话时，最好是顺着对方所说的话题来展开自己的话，如果需要转换话题，也要先肯定和赞同对方的观点，再用“不过”“但是”等转折词过渡，避免造成对方的误解和厌恶。

· 注意措辞

说话的效果与措辞是否得当有直接关系。措辞得体的话，对方会容易接受，有利于谈话继续下去；措辞不当，很容易引起对方的反感。我们在措辞时，最好选择中性感情色彩的词语，不要对对方的谈话内容和言论发表任何评判，也不要对对方的情感做任何的是非表达。

· 真诚友善

人与人沟通交流，重在真诚友善，截话也是一样。千万不要表现出一副高高在上的样子，这会引起他人的极度反感，秉持平等、友好的姿态，让对方感受到你的真诚，你说的话才更容易被接受。

先堵住请托的门，胜过亡羊补牢

丝丝是个热心的姑娘，公司里的同事都很喜欢她。当然，他们喜欢丝丝的原因，不仅仅是因为她的性格好，更因为她有求必应，总能把事情办妥，让人放心。随着大家对丝丝的认可，她那助人为乐、善解人意的形象愈发高大，而找她帮忙的人也越来越多。

同部门的周姐，不太会用表格，经常让丝丝帮忙处理报表；邻桌的拉拉不爱收拾，经常要丝丝帮忙一起找东西；市场部的主管也看上了丝丝的踏实勤快，总是打电话让她处理一些订单录入……最初，丝丝对这些事都是一一应允，不管是谁发出请求，她都会帮忙。渐渐地，她发现大量的时间都用在了帮别人做事上，自己的分内事却受到了影响。

丝丝很清楚，再这么下去的话，自己很可能会丢了饭碗。她暗下决定：一定要把主要精力放在自己的工作上！可是，事情没有想象中那么简单，大家都习惯求助她了，请托总是络绎不绝，她根本没法专心干活。面对这些请托，直接拒绝虽然有效，可她的工作思路还是会被打断，而且这种做法还可能导致人际关系紧张。

怎么办呢？丝丝决定，干脆把请托的门事先堵住。

她的工作不太需要外联，所以一到工位，她就悄悄把桌上的电话线拔掉，这样可以避免市场部主管打电话过来。对于周姐的表格，她通常都是下午三点以后才开始整理，丝丝干脆就把约见客户的时间定在2点半，这样一来，周姐就只能自己动手了。至于拉拉的事情，拒绝起来就容易多了，毕竟也不是每天都发生，大可以跟她说："我现在正忙，你先自己找找，待会儿我再帮你。"等不及的拉拉，自然就会自己努力去找。

经过这么一番调整，很大一部分请托都被规避了，丝丝的日子也变得清净多了。

丝丝所用的拒绝之道，就是我们常说的"未雨绸缪""防患于未然"。与其等请托者找上门再拒绝，不如事先把麻烦挡在门外。况且，未雨绸缪的效用，远胜于亡羊补牢。后者虽然能够最大限度地帮我们挽回损失，可毕竟是在问题发生之后的补救措施，不可避免会有损失。相比之下，提前把问题发生的概率控制在最小的范围内，不但省去了处理问题的麻烦，还能避免让自己遭受损失。

我们不妨模拟一个情境：你在专心工作的时候，突然有人过来请你帮忙，此时的你面临着两个选择：要么放下手中的工作，去处理这些突发事件；要么想出合适的理由去回绝对方，花费一些时间去解释，免除误会和尴尬。无论是哪一种选择，都不可避免要让你暂时中断手上的工作，等麻烦事处理完了，再回来工作，思路和灵感已经被打断了，还得重新调整状态。这么一通下来，起码要一两个小时。情况再糟糕一些，拒绝得不太合适，惹得对方不高兴，自己的状态也会受影响，恐怕要用好半天的时间来调节情绪了。

拒绝的表达，不一定非要用嘴巴说出来，就像上文中的丝丝，她为自己建立了一套防御机制，把不想应承的请托挡在门外。这样既达到了拒绝的目的，也不必与请求者正面“交锋”，省去了不少麻烦。

下一次，如果再遇到经常找你帮忙的朋友，当他开口问你“最近忙不忙”的时候，你大可回答：“忙啊！最近连休息的时间都没有了，每天要加班到凌晨，太累了。”你这么一说，他自然就知道你没空帮忙了，那些到了嘴边的请托，他也只好咽回肚子里。

充分利用环境，营造心理压迫感

看警匪片时，不知道你有没有留意过这样一个情节：警察在审问嫌疑犯时，通常都会坐在暗处，而嫌疑犯坐在亮晃晃的灯光下面。为什么要这样设置呢？

从视觉上来讲，人对光源的不调和比较不容易接受，所以明暗度的突然变化，会引起为了适应这种变化的顺应现象。在顺应尚未完成之前，心理上会不可避免地产生动摇。警察让嫌疑犯身处明亮的灯光之下，而警察处在暗处，就是为了让嫌疑犯心理产生不安定的感觉，从而更容易供出真相。

这就是环境对人心理的影响，我们在拒绝他人的请求时，也不妨利用这种环境营造的技巧，达到不战而屈人之兵的目的。

某商人因为事业上资金周转出现问题，故而去拜访一位银行家，希望能够获得贷款，但最终没能如愿。其实，他跟那位银行家关系很不错，曾经一起喝过酒。以前，他们在一起会面谈事时，都是坐在比较矮的椅子上，椅子的高度是一样的。可是这一回，不知道是怎么回事，他发现自己跟银行家失去了平等对话的地位。

这次会面，从一开始进行得就不太顺利。商人先是被带进会客室，银行家许久都没有露面，这让他很是焦虑。过了半天，银行家才出现。刚一进门，银行家就说："哎呀，让你久等了。"虽然招呼打得挺热情，但银行家的脸上并未挂着愉快的笑容。接着，银行家就坐在了一个比较高的沙发上，并按下了背后台灯的开关。

这时，商人发现，原本宽敞的会客厅，由于光线明暗的变化，忽然显得很狭小，且非常的压抑。整个房间照明比较暗，商人面对着台灯的光，觉得灯光很刺眼，他不知道是不是银行家故意这么安排的，反正觉得很不好开口说话。他看不清楚银行家的脸，觉得自己就像是被审讯的"嫌疑犯"似的。

在这样的情境下，虽然商人事先准备了许多说服银行家的资料，可在说话的时候，他却总觉得放不开，言谈似乎缺少某种力度和激情。银行家没有说太多的话，语气很平和，在这样的环境之下，商人总有一种底气不足之感。结果，银行家拒绝了商人的贷款请求，此刻的商人，并未有失落感，反倒如释重负。他不禁怀疑：是不是自己的心理出了问题？

显然，问题并不是出在商人身上，一切都在于环境营造的压抑氛围，让他不知不觉就处在了弱势的地位上，继而影响了他的表现和心理。银行家背后的那盏台灯，是影响环境的关键点，它对商人造成了严重的干扰。对于银行家来说，背后的光有一种独特的力量，能让他显得比平时更加高大。

纵观会面的全过程，我们可以断定，银行家早已决定拒绝商人的请求。所以，他先是拖延出场，让商人心生焦虑和不安；接着，他客气地跟对方打招呼，摆出一副很严肃的样子，拉开彼此间的心理距离；接着，他又选择了在较高处落座，并打开身后的台灯，让原本宽敞的空间变得逼仄而压抑。商人的眼睛不停地被灯光照着，更加重了内心的不安。

最终，银行家的拒绝，并没有让商人感到失落，反而是觉得如释重负。这也说明，从一开始，商人就已经从银行家的态度以及环境中，变得“不好意思”开口了。即便准备了充分的资料，可面对一个和往日相处时不太一样的银行家，并身处压抑的环境之下，他已经在心理打了“退堂鼓”，或者说已经有了会被拒绝的预感。所以，对于银行家最终的拒绝，他并未感到太失落。

环境对人的影响不容小觑，除了背光而坐能够增强自身的优势之外，主场优势也是提升拒绝力的一种常用方法。当你对主场十分熟悉时，你往往不会怯场，就好比在自己家里会客，你会显得很自然。如果换成到别人家里谈话，就容易变得拘谨。鉴于此，在拒绝他人的时候，最好选择熟悉的场景，以增强自己的气势。

有个编辑想找一位大学教授约稿，他先是给对方打电话说明意图，但听教授的口气，似乎并不太愿意。尽管如此，编辑还是不想放弃，他认为自己能够说服教授，因此提出登门拜访的要求。

来到教授家里，对方并没有在会客室见他，而是说：“不好意思，会客室还没有整理好，去我的书房吧。”就这样，编辑跟随教授进了书房。教授坐在桌子前，和编辑面对面。编辑开口说出想约稿的事宜，却发现平日口舌伶俐的自己，突然变得很没有气势，表达得也不太顺畅。在交谈的过程中，教授很随意地点燃他的烟，而编辑一直弥漫在烟雾中，忍受着难闻的烟味。最后，编辑没能达到自己的目的，只好悻悻地离开。

提起这段经历，编辑说："我的表现真是太差劲了，从来没有这么差劲过。如果是在一间会客室之类的半公共场所谈话，我的表达可能会更好。可那是一个很私人的场所，我在那里放不开，总觉得很拘束、很压抑。"

不过，在经历了这件事之后，编辑也学会了用同样的方法拒绝。当他不想接受某种请求时，会把对方带进一个自己熟悉的领域，占据交谈的优势地位。

书房是很隐私的场所，而窥视别人的隐私，无疑会让人紧张不安。当编辑身处在教授的书房之中，就开始坐立不安，没办法像平日一样侃侃而谈。这也提醒我们，拒绝不仅仅是靠言语说服，有些时候，学会创造对自己有利的环境，同样可以事半功倍。

让对方感觉不舒服，迫使其提前离开

在某些情况下，如果不太方便用言语拒绝他人，不妨采取一些特殊的做法，让对方感觉不舒服，迫使其主动地离开。事实上，这个方法在生活中很常见，而我们之中的绝大多数人，也曾用这样的方法被拒绝过，只不过在此笼统的介绍，有点儿让人摸不着头脑。

接下来，我们针对这个拒绝方式，提出一些具体可行的做法。在了解的过程中，可以结合一下自身的生活体验，看看是否真的奏效？

· 用硬椅子、冷板凳来下“逐客令”

美国连锁酒店大王康拉德 · 希尔顿曾说：“不要让顾客坐太软的椅子。”

以咖啡店来说，如果店里的椅子太软，坐起来很舒服，客人很有可能会一下子坐上两三个小时，这样一直霸占着座位，会降低人员的流动性，从而影响收益。然而，作为咖啡店的老板，不可能直接上前要求客人离开。为了避免这种情况的发生，干脆就设置一些硬点的椅子。客人喝完了咖啡，也觉得坐得差不多了，就会主动离开。

学校和图书馆的椅子，很少有那种坐起来绵绵软软的；在职训练用的椅子，最常见的都是木头做的长凳。这些硬椅子、冷板凳的使用，是在一定程度上警告坐的人："你不是来这里休息的，做完该做的事，就赶紧离开吧！难道你不觉得硌得不舒服吗？"

如果你想要与对方尽早地结束谈话，与其用语言下逐客令，倒不如让对方的屁股受点苦，无言地传递出拒绝之意。

· 让对方处于偌大空间的正中央位置

生物界中有一个奇特的现象：无论给予昆虫或动物多么广阔自由的空间，在构建巢穴的时候，它们多半还是会选择角落位置。即便是在树上构巢，也会选择枝桠的位置。这些动物、昆虫移动的路线，通常不是走最短的直线，而是沿着墙边走。

这样的选择无非是出于安全感。人在这方面和动物一样，也会追求凭靠之处。

进入公交车或地铁的车厢中，人最先选择的位置一定是角落处，除非那里已经没有座位了，而不得不选择中间位置。进入咖啡厅、饭馆等地，也会发生类似的情况，谁也不愿意一下子就坐到中央的位置，而是会选择靠墙壁、屏风或窗口的位置。

角落之类的地方，往往有更牢固、更坚实的墙壁为依靠，能够随时触摸到，给人一种安全感。如果远离墙壁，没有倚靠，就会增加不安的感觉。在出海的时候，乘客离海岸越远，内心就愈发不安，尤其是初次出海，会很紧张。处于海中孤岛的人，因缺乏安全感和稳定感，会很渴望陆地。

基于这一点，我们便可知：当人处在大空间的正中央的位置，会感觉很不自在。所以，在拒绝的过程中，如果你想让对方不舒服，就可以把他安排在这样的位置上，让他身处其中，他会变得焦虑，会迫切地想要离开。

·通过换装影响他人心情，增强拒绝效果

美国心理学家雷奥纳德·比克曼，曾经对服装给人的印象进行过一项有趣的实验：他在纽约市甘迪机场的公用电话亭内的架子上，放了一枚一角的硬币，只要进入电话亭，这枚硬币就会映入眼帘。

他在距离电话亭不远的地方观察，每当看到有人进入电话亭，就会跑过去敲门问："我忘了带走一角钱，不知道在不在里面？"那么，人们是如何回应的呢？

结果显示：当他穿着整齐的时候，对方交还硬币的概率是88%；当他穿着邋遢的时候，对方交还的概率只有77%。比克曼得出结论："当问话者穿着整齐，人们的态度会更加热情和友好；当问话者穿着邋遢，人们会产生厌恶和鄙夷之情，不想与其产生任何瓜葛，也不会仔细想对方究竟在问什么，瞬间就会脱口拒绝，将其赶走。"

一位大学毕业生刚刚入职，总是被一位倚老卖老的同事训斥，这让他很郁闷。他曾经想过顶撞对方，可对方总是用"年轻人就是幼稚"的态度轻视他。为此，他想了一个计策，穿上有色衬衫、戴着华丽的领带去出席会议，结果，还真的奏效了。那些平日里唠叨不停的同事，全都静默下来，而他在提出反驳意见时，也比平时更顺畅。

人没有变，环境没有变，唯一变的就是着装。年轻人穿上个性张扬的衣服，会让老一辈人产生这样的看法："穿这种衣服上班的年轻人，个性必然是张扬的，会说出这种反对的意见，也在情理之中。"此时，你的拒绝也就具有合理性了。

表达拒绝，你还可以使用肢体语言

表达拒绝，不一定非要靠语言，前面我们提到过，可以利用环境，也可以创造让对方感到不舒服的情境，这些都是无声拒绝的不错之法。接下来我们要说的，是随时随地都可以用到的一种方法，那就是利用肢体语言来表达你的态度。

其实，拒绝的身体语言，比口头语言出现得更早。相关理论分析指出，当新生儿吸允足够的奶水后，就会左右摇晃脑袋，以此来抗拒母亲的乳房。幼儿在吃饱后，也会用摇头的动作来拒绝大人们的喂食。当然，拒绝的动作不只是摇头，还有许多肢体语言，都可以增强拒绝的效果。下面，我们就介绍几种有效的拒绝姿态和动作：

· 正襟危坐，挺直腰身

我们经常会看到猫、狗等小动物打架时，全身的毛都会竖立起来，膨胀的毛发让它们看起来比较庞大，这样做的目的，就是为了营造一种强大的气势，来震慑敌人。

我们也可以在拒绝时借助这一方式，显示出高大的架势，给人一种说不出的压迫感。比如，正襟危坐，腰身挺直，就是一个很好的方式，这样能够有效地增加拒绝的气势。虽然我们都不太喜欢傲慢的人，但在拒绝他人时，如果能够摆出一些傲慢的动作，高昂脑袋，恰恰可以增强拒绝的效果。

·双手胸前交叉，两脚重叠

想象一下：当一个人在你面前，呈现出双手在胸前交叉、两脚重叠、表情严肃的样子时，你会有什么感觉？一定会感觉这个人不好接触，拒人于千里之外，很想逃离。事实上，这是对料想的攻击所采取的一种警戒措施，或表示个人立场的坚定不移，拒绝接受他人对自己的改变。如果你想表达拒绝，或是坚定自己的立场，不妨摆出这样的一幅姿态，真的能够让你气势倍增。

·不慌不忙地把玩身边的东西

索尼的董事长井深大，每次对他人的话题不感兴趣时，就不慌不忙地摊开报纸来看。很显然，这是在表示拒绝。还有一位评论家，每逢有不喜欢的访客到来，他就会一边说话，一边整理自己的名片，对方看到这样的动作，往往就没有了继续聊下去的兴致，主动选择离开。

·倾斜身体或侧身面对对方

当你想要拒绝他人的请求时，不妨倾斜身体，或是侧身对着对方。采取这样的姿态，即便不说话，对方也可以从你的气势中感受到“不”的意思。而且，这是一种攻击性的姿势，它能让对方明白，你的“不”字是认真的，并不是随便说说。

如果你用倾斜身体的非对称姿势面对他人，会让对方感到不安。这一动作源自战斗姿势，在不少的武术当中，都会用这一姿势迎敌。在拒绝的时候，采用这个姿势，颇具侵略性，表达拒绝的态度很强烈。

·表现自身身体状态不佳的动作

一位事业有成的丈夫，经常因工作冷落妻子，妻子情感孤独，因而也开始怠慢丈夫，搬离了原来的家。丈夫责备妻子变心，强迫她回心转意。妻子早已经没有这个意思，大概是对自己的行为感到愧疚，不敢绝情地把丈夫赶回去。

丈夫越说越激动，妻子不想再听，就用一只手的拇指和食指用力地按了一下眉毛下凹陷的位置。显然，这是在表现身心疲惫时经常会做的动作。丈夫见此情形，突然就闭了嘴。见丈夫不再说话，妻子就小声地说："没关系，你继续说。"之后，丈夫又开始单方面地驳斥。

没过一会儿，妻子又做了和刚才一样的动作。经过几次这一动作的重复，丈夫彻底闭了嘴。从始至终，妻子没有说一个"不"字，最后，丈夫放弃了说服的念头，默默地退出了。

肢体语言专家认为，表示身体状况不佳的动作，是向交谈对象发出否定的信息，比如：转动脖子、用手帕擦拭眼睛、按眼睑、拍肩膀、按太阳穴以及按眉毛下部等动作，都是身体向外界发出的拒绝信号："你的话让我感到疲惫，我希望你别再说下去。"

其实，表示拒绝的姿态和动作不止以上几种，还有诸如转头、转身、摊手、撇嘴、耸肩等动作。在拒绝他人的时候，如果能够做到灵活运用，都可以增强你的拒绝力。

第8章

自控：有定力抵挡住诱惑，才有能力掌控生活

世界如此复杂，要懂得拒绝诱惑

世间没有任何一株花，像罂粟花一样神秘而美丽，也没有任何一株花，像罂粟一样罪恶而血腥。生活中，很多种诱惑就如同这些盛开得如火如荼的山花一样，看起来婆娑多彩，完美至极，可谁忍不住碰触了，便会跌入万劫不复的深渊。

贪玩儿的猫把一瓶蜂蜜从桌上弄掉了，地板上淌着一片蜂蜜。恰巧，两只苍蝇飞到了跟前，诱人的甜香味让其中一只苍蝇不禁流出了口水，很想去吃。另一只苍蝇拉住了它，说："别去吃。这可能是主人设下的陷阱，想要杀死我们呢！"嘴馋的苍蝇不听劝，说："怎么可能呢？我刚刚看到瓶子是被猫弄倒的，和主人没关系啊！"说完，它义无反顾地飞向了那一堆蜂蜜，大口大口地吃了起来，一边吃一边想："这么美味的东西，如果不吃才是傻瓜！"

另一只苍蝇站在旁边不敢去吃，很担心地看着那只冲进蜂蜜堆里的苍蝇。不久，那只馋嘴的苍蝇吃饱了，它抹抹嘴想要离开，却惊奇地发现——自己的腿动不了了。蜂蜜很黏，它粘住了那只苍蝇的腿，任凭它怎么挣扎，都摆脱不了，反而越陷越深。它的朋友在一旁看着，心急如焚，却也帮不上忙。馋嘴的苍蝇后悔万分，它知道今天自己会丧命于此。于是，它悲哀地对自己的朋友说："我真傻，只知道蜂蜜的香甜，却不知道它的'可怕'。"

在物欲横流的生活中，摆在我们眼前的诱惑实在太多，它们就跟"蜂蜜"一样，看起来香甜可口，令人垂涎欲滴。如果没有一个清醒的头脑，看不到诱惑背后隐藏的危险，让眼睛被看似美好的物质生活完全蒙蔽，那么结果就很可能跟那只苍蝇一样，陷入到粘稠的"蜂蜜"里，挣扎不休，无法自拔。

一个大专毕业的女孩，随男友到广州打工。他们原本也有自己美好的理想，可惜到了广州之后，才发现自己是那样地渺小。奔波了两个月，也没能找到满意的工作，无奈之下，两人只得先到一家电子厂上班。

半年之后，女孩看到一家公司招聘文员，便投递了简历。很快，她得到了面试的通知。那家公司的经理是个四十岁左右的中年男子，他简单询问了女孩的学历和工作经历后，就问起她的个人情况，身体状况，详细程度让女孩感到有些尴尬。紧接着，他告诉女孩，自己的妻子无法生育，他其实是想找一个合适的女子为自己生个小孩，代孕费10万元。

女孩回去之后，把事情的经过跟男友说了。谁曾想，男友竟然提出让她去做代孕，这样的话，有了那10万块钱就可以开个店，不用到工厂上班了。男友怕女孩心存顾虑，说等她代孕结束后就结婚，女孩便同意了。

然而，事情没有他们想象得那么顺利。女孩的人工受精没有成功，经理的妻子告诉女孩，唯一的办法就是让她与经理发生关系。就在女孩不知如何进退的时候，她发现自己一向很准时的月经竟然没有来，而这距离她跟男友在一起，正好半个多月。半月前，上次她和经理到医院做身体检查时，自己还没有怀孕。她把事情前前后后想了一遍，确信自己怀了男友的孩子。想到自己有了男友的孩子，她便不再害怕了。与经理同房之后，她又到医院接受B超检查。她故意把月经时间推后半个月，而医生说她的孩子比平常这个月份的胚胎大，于是她更加确信这孩子就是男友的。

后来，女孩偷偷用经理的手机给男友打电话，告诉自己怀了他的孩子。但男友得知她与经理发生关系后，却不停地用污言秽语辱骂她。更令人感到意外的是，第二天男友竟然还跑到经理的办公室去威胁对方，说告他强奸，找人非法代孕。无奈之下，经理只好给了他三万块钱。女孩得知情况后，连忙打电话给男友，电话关机。她又联系男友的同事，却被告知他已经离职。她心想，男友知道自己怀孕后，肯定是带着钱自己远走高飞了。

她后悔自己听了男友的话，也后悔没能禁得住那10万块钱的诱惑，为了“美好”的未来给人代孕。而她一直以来深爱的男人，为了钱又抛弃了自己。经过几天几夜的挣扎，她最终趁着经理夫妇不注意时，逃走了。她不想继续错下去，独自到医院打掉了孩子……每次回想起这一段错误的经历，她都忍不住泪流满面，说这辈子都难以彻底抚平心里的创伤。

可怜的年轻女孩，没能禁得住男人的花言巧语，也没能抵挡住金钱的诱惑，最后落得身心两重伤。在人生的岔路口上，我们应该汲取这个教训，那些看起来美好的、平顺的路，未必是最好的选择，也许你刚踏上路程没走出多远，杂草和荆棘就会出现；相反，那些路径狭小、满地是小石头的路，虽然看起来不那么美好，却可能是通往幸福的正确之路。

人生的路很长，不要总想着走捷径，亦不要轻易就被美好的东西迷惑。因为，你永远不知道，哪一颗是幸福的糖果，哪一颗是可怕的“糖衣炮弹”。

识破爱情中那些虚假的甜言蜜语

相传，有个马夫得到了一匹漂亮的白马，他每天都给马擦洗，洗过之后还会仔细地为马梳理鬃毛。但凡认识马夫的人，都夸他心善，并感叹白马遇到了一位好主人。马夫每次听到别人的夸奖，心里都美滋滋的，只不过嘴上故作谦虚，说这都是自己应该做的。

然而，白马每天过得并不开心。因为麦子的价格比较贵，马夫偷偷地卖掉了那些喂马的大麦，它每天根本都吃不饱，到了晚上就饥肠辘辘。终于有一天，马夫在给白马梳理鬃毛的时候，白马忍不住发火了，它大声地指责马夫："你别再假惺惺的了。如果你真对我好，那就别卖掉那些大麦，让我吃一顿饱饭。"

在不知道内情人的看来，马夫的确是个好主人，每天给马洗澡、梳理毛发，照顾得多么细致，多么完美啊！可这种美好，只不过是表面现象，说他自欺欺人一点也不为过。若是真心善待白马，就不会卖掉大麦。对于白马来说，洗得再干净、鬃毛再顺滑，又能如何呢？连基本的温饱都得不到，还会在意华丽丽的外表吗？

生活中，很多事情与之相仿。特别是在爱情之中，有些人就像"马夫”，真是很不错，对你好的没话说，你甚至也相信终于遇到了真心待自己的人。可是有一天，当他把那层虚伪的外衣脱掉后，你看到了“马夫”的真面目，才发现那些美好全是假的，曾经的幸福还不敌水月镜花，至少那只是失望，而你感受到的却还有赤裸裸的欺骗，和无尽的悲伤。

Ann是在一次聚会中结识的伟。伟长得很帅气，自己经营着一间小公司，生意还不错。Ann的条件也不错，她对择偶这件事没那么挑剔，只求对方真心待自己。第一次见面，Ann就已经对伟产生了些许好感。后来，两个人又单独约见了一次，恰恰是这次约见，加深了Ann对伟的好感。

吃饭席间，伟告诉Ann，他的公司主要做绿色环保的产品，客户都是一些大公司。虽然Ann不太理解伟到底在讲什么，但听他说起公司的盈利状况，感觉还是挺可观的。而且，伟约会那天开着一辆不错的SUV，可见经济条件不差。

伟的侃侃而谈，以及绅士般的举止，彻底征服了Ann。结账的时候，伟从口袋里掏出一张贵宾信用卡递给服务员，那优雅的动作更是让Ann倾心。两人牵手从饭店里走出来，阳光洒在身上，Ann觉得自己坠入了爱河。

就在这时，Ann遇到了上次举办party的主人苒。当时，Ann感觉女友的表情有些不自然，说不出是惊讶，还是不解？反正是一副欲言又止的样子。简单地寒暄之后，Ann和伟就与那位女友告别了。

待Ann下午回家后，收到了女友苒发来的消息。她提醒Ann，要小心伟这个人，他完全就是一个感情骗子。之前，苒身边的一位女友就被他骗了，说他有钱是不假，但对待感情很不认真，完全就是一个渣男。Ann

很庆幸及时得到朋友的提醒，没有沦为爱情的牺牲者，不然她还真的会相信，自己是伟的第一任女友呢！

谈感情最重要的是彼此保持真诚，唯有大家坦诚相待，才能走得长久。然而，有时，我们会不可避免地遇到爱情骗子。如果你意识到了，对方在说大话，或是编造了谎言，该如何拒绝呢？

·笑而不语，用行动去纠正他的谎言

当对方向你撒谎时，最好的应对方式不是去立刻拆穿，特别是有外人在场时，你可以笑而不语，一方面让他人认为你默认了对方说的话，另一方面也让对方明白，你的笑另有含义。然后，你可以私下用自己的实际行动去纠正他说谎的行为。

·不置可否，认真地说出自己的观点

面对谎言，你可以选择沉默，也可以选择纠正对方。不过，这两种方式都不是绝佳的选择。事实上，你还有另外的一个选择，那就是不置可否：不评判对方的观点，严肃认真地说出自己的观点。当你的观点触及到他当时说谎的心理时，他就会知道，你早已经识破了他的谎言，只是碍于面子没有拆穿罢了。

·适当纠正，告诉对方你需要知道真相

当你知道他在说谎，却不能表现出来时，可以用严肃的表情看着他，并对他说："我只是想知道真相。"你要让他明白，你迫切地想要知道真相，是因为很在意这段感情，不想把爱情当成游戏。

认清街头推销的手段，千万别心软

“哎，我本来不想办足浴卡的，就是因为他们推出了一个免费试用的活动，拉着我去体验。结果，我的脚泡进了足浴盆，人就被‘栓’在了里面。他们的顾问不停地向我介绍项目，先是价格高的，后再不断降价……为了能早点离开那，我只好办了最低档的那个项目。可走出养生馆，我整个人都很烦闷：干嘛要跟他进去体验服务呢？我根本不需要那些项目啊！”

这样的经历，恐怕很多人都有过。在大街上，或是商场门口，被人拦住推销化妆品或是美容项目，经不住忽悠就去体验了，结果掏钱买了自己根本不需要的产品或美容项目。那些商品，要么放置在一旁当成垃圾，要么就天天揣着那张美容卡，交了钱也不去做。

芊芊约了男友在购物中心门口见面，由于路上堵车，男友要迟到半小时，芊芊就只好自己先进去逛。就在她四处张望的时候，突然看到不远处有几个年轻人在推销产品，一方面出于好奇，一方面为了打发时间，芊芊就决定过去看看。

还没等芊芊走到跟前，她就被推销的业务员盯上了。两个30岁左右的女子，快速走到她身边，其中一人拿着提前准备好的资料，另一个人则拿着产品，并向芊芊介绍："小姐，您好，我们是XX化妆品公司的。最近，公司正在搞活动……"说着，还向芊芊手里塞了一张印制精美的卡片。

芊芊看了一眼，立刻就知道这不是什么知名品牌，但形象仿造得跟某国际大牌很相似，不仔细看的话，还真可能会错认。芊芊心里马上就产生了拒绝的念头，可是递给她卡片的女子，却很快拿出了样品让芊芊试用。

芊芊很清楚，特定的皮肤只能用特定的化妆品，对于免费试用的产品她都很谨慎。可是，还没等芊芊反应过来，那女子就抓起芊芊的手涂抹起来。芊芊赶紧收回自己的手，转身就要离开，可对方却还是拽着芊芊，并不断喊着公司产品的优惠价格……这时，芊芊灵机一动，大声说："我是过敏体质，你给我涂了这个，我要是过敏了怎么办？"听到这里，推销的女子可能是怕惹上麻烦，才松开芊芊的手。

这时，芊芊的男友也赶到了，说起刚刚发生的事，男友感叹："幸好你没上当。前些天，我们同事用了街头推销的化妆品，真的是过敏了，到现在已经花了好几千块钱治疗了。天底下没有免费的午餐，千万不能有占便宜的侥幸心理。"

芊芊算是比较机灵，在关键时刻用"皮肤过敏"的借口吓住了对方，才免于纠缠。可惜，不是所有人都有这样的应变能力，也不是所有人都有拒绝的勇气，很多人或是经不住诱惑，或是不懂得拒绝，最终买下了自己不需要的产品。

其实，应对街头推销，最有效的拒绝策略是从推销手段上入手，彻底斩断纠缠的烦恼。平时，最常见的推销手段大致有以下几种：

·温和型：晓之以理，动之以情

这是一种软式推销，推销员往往很温和，对消费者晓之以理、动之以情。很多人经不住诱惑，未能控制住自己，结果掉进了商家的圈套。对于这种推销，最根本的原则就是坚定自己的立场，只买需要的、能承担得起的东西。如果自己做不到，就让身边的朋友随时提醒自己；或者出门时限制购物的金钱额度，免得自己头脑发热。

·免费型：试用后收取高额费用

这种推销的手段是，先声称免费试用，吸引消费者；待试用结束后，会声称其中使用的部分商品是需要收费的，不交费就不让走。消费者往往人单势孤，迫于形势只好选择妥协。面对这种推销，一定要小心谨慎，切忌贪小便宜。如果不小心被强制消费，也不要忍气吞声，要到工商局投诉，避免更多的人上当受骗。

·强迫型：人多势众，强买强卖

这类推销虽不太常见，但在行人较少的地区还是存在的。遇到强买强卖的情况时，首先不能在心理上输给对方，哪怕他们人多势众，也要给自己壮胆，最好的办法就是大声拒绝，你的声音越大，就越能吸引周围人的注意。那些推销者原本从事的就是非法交易，害怕见光，大声拒绝可以有效地帮我们赢得心理优势。心理战打赢了，拒绝也就变得容易了。

上述的这些，都是可选择的被动保护策略。不过，对我们来说，主动回避强硬推销，比被动拒绝更能节省时间和精力。在看到推销员强行拉拢行人时，不妨主动绕行，避开他们。如果不小心撞见，一定要狠心拒绝，此时你一心软，就会导致手软，最终遭狠宰。

总而言之，保持主见是拒绝街头推销的重点。你要相信，商家不会做赔本的生意，千万不要认为自己捡到了什么便宜，有便宜的地方往往都藏着陷阱，一定要小心再小心。

“高帽”的背后是无穷无尽的麻烦

还记得狐狸与乌鸦的寓言故事吗？乌鸦捡到一块肉，叼在嘴里，被狡猾的狐狸看到了。狐狸故意跟乌鸦搭讪，可都没能让乌鸦开口，最后它想到了一招，夸赞乌鸦的声音好听。从未得到过这般赞赏的乌鸦，刹那间就忘记了嘴里叼着的肉，竟真的信了狐狸的话，开口唱起歌来……然后，那块肉就成了狐狸的美餐，乌鸦这才知道自己上了当。

世上没有免费的午餐，狐狸夸赞乌鸦的目的，就是为了它嘴里的那块肉。故事虽小，可道理却很实用，如果有人无缘无故地给你“戴高帽”，先别急着高兴，因为你不知道那顶“高帽”背后到底藏着什么东西？很有可能，带给你的是无穷无尽的麻烦。

在下属们眼里，Miss王就如同《穿Prada的恶魔》里的女上司，刻薄而严厉。然而，新来的女助理晓云，却觉得Miss王没那么可怕，她只是一个普通的成熟女人。

不久前，Miss王在郊区买了一栋房子，晓云连忙称赞：“王总，您可真厉害，现在竞争这么激烈，我们都不敢贷款，您却有魄力买房。什么时候装修说一声，我有朋友是做设计师的，也许能帮上忙呢！”就这么几句简单的话，说得Miss王心花怒放，而其他的几个下属却都没有吱声。

第二天，晓云抱着几本精美的杂志出现在Miss王面前，她说："王总，我专门找了几本装修装饰的杂志，您可以参考参考。" Miss王一边说谢谢，一边暗自觉得自己有眼光，选了一个这么有眼力见的助理。

周末，部门聚餐，Miss王指着一个路人的披肩说："真好看，不知道人家在哪儿买的？"说者无心，听者有意，晓云周一上班就把同样款式的披肩送到了Miss王的办公室："王总，前些天参加供应商会议，人家送了500块钱券，快要过期了，我就去购物中心逛了一下，没看到适合自己的，反倒碰见这条披肩，觉得挺适合您的，您看喜不喜欢？"

Miss王立刻起身，说："瞧你，给自己买东西就行了，还想着我。"可心里却乐开了花。之后，她对晓云愈发信任了，也向晓云传授了自己多年的工作心得，这位年轻的女助理，可谓是花了点小钱，买到了大咖级的经验。

晓云的工作能力日益提升，不仅得到了Miss王的认可，也得到了大老板的关注。就在这时，不知谁散播出谣言，说Miss王向竞争对手透露了公司的机密，致使公司在招标时失败。老板非常愤怒，给Miss王放了一个月的长假，并让晓云暂时代理她的职位。

待Miss王休假回来，她发现，整个部门的人与她更加生疏了，反倒是晓云得到了众人的拥戴。她开始怀疑那起泄密事件，是否跟晓云有关？毕竟，许多细节上的内容，她只跟晓云谈过，且让她帮自己发送过重要的邮件，难道……

无论事情是不是这样，有些结果都已经无法改变了。Miss王在这个公司里，已经丧失了立足之地，她开始后悔，不该轻易接受晓云给自己的“高帽”，让她放松了警惕，甚至忘记了职场中的一些原则。事到如今，Miss王只好主动离职，把位置拱手让给自己曾经最信任，至今却再不敢亲近的助理晓云。

当别人为我们“戴高帽”的时候，不要只顾得高兴，要懂得适时拒绝。毕竟，“高帽”戴多了，就会对自己认识不清，容易飘飘然，做一些不理智的事。面对过分的夸赞，以及刻意的讨好时，无论对方出于什么样的目的，都要保持一份谨慎。

对于他人递过来的“高帽”，你可以对其表达自己的谢意，然后再告诉对方：“虽然我知道自己没有你说得那么好，但还是要谢谢你。”当你洞察到对方的心思后也可以说：“我没有你说得那么能干，好多事情我也无能为力。”这样说的目的，就是在暗示对方：你请求我的事情，我无法答应，让对方知难而退。

珍视你的善心，切记不要随便送人

生活中有许多热心肠的人，最见不得他人遭受苦难，一旦碰见了，内心的善良就会涌出来，尽己所能地去帮对方。倘若对方也是懂得感恩的好人，会听到对方说一句真诚的“谢谢”，得到莫大的心理慰藉。然而，生活不是童话，不总是拥有美好的结局，有些看起来楚楚可怜的陌生人，未必真有那么可怜，甚至还藏着深深的阴谋与罪恶。他们最喜欢利用的，恰恰就是好人的善良，如若不懂拒绝，很有可能给自己带来不可挽回的厄运。

苏先生跟妻子结婚后，在郊区买了一栋小房子。虽然每天要开车上下班，但至少省掉了大几千块钱的房贷。

某天傍晚，苏先生像往常一样，从市区往郊区开，途径一处城乡结合部时，由于路比较窄，他开得很慢，生怕出事。就在这时，一位农妇打扮的女人拦住了他的车，说：“先生，我跟你问个路，行吗？”

苏先生摇下车窗，打算帮一帮这个妇人。只见她拿出一张字条，上面的字迹模模糊糊，写着一个地址，她说：“我想去这个地方，该怎么走呢？”苏先生一看，发现那个地方正是自己所住的郊区。他伸手指了指说："你看到那边的公交站了吗？在那里等车，坐到终点站，再倒一趟小公共就到了，下车的地方就能换乘。"

农妇无奈地回头看了看，又转过头对苏先生说："我是从外地来的，今天刚到这里，还带着行李，好多公交车不愿意拉。你要是顺路的话，能不能帮我带过去？该多少钱，我都给你，不能让你白忙活。"

看着农妇殷切的眼神，苏先生有点心软了。其实，他没有太多的担心，毕竟自己是一个大男人，难道还会被一个村妇骗了吗？他没多想，就同意了对方的请求。正当他准备帮妇女搬行李上车时，忽然有个中年男人走了过来。苏先生看到，他跟农妇使了一个眼色，农妇随即就跟苏先生解释："这是我家男人，我们一起过来的，你看能不能……"

苏先生怎么也没想到会冒出一个男人来，面对这样的局势，他不免有点担忧。就在他不知如何是好的时候，妻子突然打来电话。苏先生走到一边，接起了电话。挂断电话后，苏先生略带歉意地对农妇说："不好意思，我临时有事，不能带你了。你们还是等一等公交车吧！"

说完，苏先生就赶紧锁紧车门离开了。在关门的那一刻，苏先生隐约听到了那个男人的谩骂声，他顾不得那么多，连忙开车远离这个"是非之地"。路上，他很庆幸自己听从了妻子的建议，如果真让那男子和妇人上了车，才是引狼入室。

让陌生人上自己的车，有可能会遇到各种未知的危险。这样的事情，在现实中屡见不鲜，我们不能保证自己一定会是幸运的那个人，凡事不怕一万就怕万一。有多少可怕的结局，都是因为当时的善意萌发、不忍心拒绝导致的。

遇到陌生人问路，可以给对方指明一个大概的方向，或是给出一个明确的建议，让他到了下一个站点再问问其他人。如果不愿意亲自指路，也可以让对方买一张地图，或是去找民警帮忙，如果他咬定了你，你就更要提高警惕，尽快摆脱他的纠缠。

公安部的网站上有明确的提示：在面对可疑的陌生人问路时，切记不要上车给其带路，与陌生人的车保持距离，并记住陌生人的体貌特征、车牌号码、车型，以及对话内容。这些提示都在告诉我们，谨防被绑架或被骗。

善良是一种品质，是值得一生秉持的，但善良要留给对的人，而不能随随便便地送人。生活很美好，但也有阴暗的角落，你若不当心，就可能被人利用。小心驶得万年船，这个道理到任何时候都是适用的。

与充满诱惑的网络信息保持距离

“在网上挑了半天才选中这件衣服，觉得它特别有型，看到实物完全懵了，跟网上的图片根本不是一个档次的，没法穿出去。退的话，还要承担运费，怪麻烦的，认栽算了。”

“我是在网站上相亲认识她，当时看照片觉得很满意，算得上是很有气质了。可是，到了见面那天，我真是大跌眼镜，感觉自己被骗了。”

“新入手的网红产品，在网上站好评如潮，可我用了之后却发现，根本没有传说中那么好，甚至还不如我以前用的普通产品呢！”

“……”

有过网购经历的你，想必也遇到过上述的这些情形。其实，网络中有许多的虚假信息，稍不注意就可能会落入“圈套”。如果只是买了一件不太满意的衣服或产品，损失的只是金钱；可如果没有甄别对方的虚假身份，信以为真，损失的就不只是金钱那么简单了。

28岁的俄国人考斯基在推特上认识了一位名叫芭芭拉的美国女孩。从芭芭拉发布的相片上看，那是一个漂亮又可爱的年轻女子。两个人在网上聊了一段时间，考斯基就迫不及待地想去美国看望芭芭拉了。

三个月后，考斯基终于付诸了行动，他顺利抵达美国，准备见一见这个让自己心仪已久的女孩。敲开芭芭拉的房门后，考斯基惊呆了，大脑一片空白。那个自称是芭芭拉的人，居然是一位年近六旬、满头白发、满脸皱纹的老太太。更让考斯基震惊和恐惧的是，这位老妇人在见到他之后，对他神秘地笑了笑，立刻将其引入房门，让他看了自己藏在冰箱里的一具尸体。考斯基一边发抖，一边跑了出去。

这位老妇人的确是芭芭拉，网上的照片也是真的，但是她年轻时拍摄的，现在的她独身一人。几个月前，一位男性房客在她家中猝死，为了避免被警方怀疑，她竟然把该男子的尸体冻进了冰箱。之所以在网上跟考斯基谈情说爱，完全是因为她年纪已老，空虚无聊。

对考斯基来说，这件事可能会给他的内心蒙上一层厚厚的阴影，但他也要为此事负一定的责任，因为他太过相信虚拟世界的那个人了。一个人在网络平台上呈现出的样子，未必是他真实的样子，甚至是刻意包装的，未曾认识真实的对方，就盲目相信网络上的一切信息，原本就是一件冒险的事。

美国联邦调查局曾经进行过专门的统计，其数据显示：网络出现的交友信息中，大概存在10%的虚假账户，几乎每年都有5000万的美元因此而遭到损失。国外知名在线交友网站seeking arrangement每天都要对存在于该网站的虚假账户进行删除，每天的删除量在600个左右；与他们合作的TCLogiQ公司，要对所有的账号进行筛选并关闭，总共有6万个账户被关闭。

许多网络信息都充满着诱惑，但同时又包含着虚假的成分，和巨大的风险。除了交友网站之外，二手交易平台也如是。不少被敲诈勒索的用户，都面临着举证的困难，尤其是有些网站根本没有进行登记备案和实名认证，甚至有的是通过代理IP上线，或直接在境外注册，即便出了问题，国内的相关机构也无法对其进行查封，更没办法协助相关人员进行侦破。

对于网络上的一些内容，我们一定要控制好自己，有拒绝的能力，不能被虚假的信息操控。除了对待交友和买卖之事要谨慎之外，还有几点也是需要注意的：

· 在相对熟悉的领域中，网络上的虚假消息都有其基本模式，遇到之后比较容易分辨，切记绕路行走。

· 在不熟悉的领域，要相信“主流媒体”的报道。如果没有媒体报道的信息，看看是否有转发，是如何评论的，一定要三思。必要的时候，也可以与周围亲近的人讨论下。

· 媒体报道的信息，未必全是准确的，有时记者本人也可能会出错，因而也需甄别。

· 如果总是用“据有关人士”“据悉”“据了解”而又没有指向确定消息源的，千万不要轻信，很有可能都是谣言。

拒绝免费的午餐，让骗子无处下手

几年前，身为演艺经纪人的D小姐，接到自称是“警方”的来电，通知她因为涉嫌贩毒、洗黑钱等罪名，目前已经被列为通缉犯。骗子还主动通过了一个北京本地的某座机号码，声称是北京市朝阳区某公安分区的人，要求D小姐拨打114核实真伪。D小姐在拨打电话确认该号码后，为了配合对方调查，不敢有任何的拒绝和违逆，一切都听从对方的指挥。

不久后，又有人打电话给D小姐，自称是某科长，说可以解救D小姐，通知她登录一个洗黑钱的网站，里面有她的详细信息。D小姐赶紧登录，果然发现自己的资料和联系方式等信息，都一清二楚地挂在上面，同时网站还明确标示，她现在因涉嫌贩毒、洗黑钱等罪，已经被列为全国通缉犯。看到这些信息，D小姐又震惊又害怕：怎么会这样呢？到底是怎么回事？

这位科长又恐吓D小姐，说他们已经掌握了D小姐的动向，只要等她一到北京，就立刻将其逮捕。原本就半信半疑的D小姐，此时彻底崩溃了。她只好继续配合对方的调查，在其语音诱导下，D小姐登录到他指定的另一个网站，并听从他的指示，将自己的银行U盾插到了电脑上。

这时，D小姐的电脑突然黑屏了，几秒钟后，又恢复正常。然后，她就收到了银行的短信提醒，显示账户上的100万已经被全部转走。D小姐先是懵了一下，随后就明白是怎么回事了，她是被人骗了。

尽管这个账户写的是D小姐的名字，但实际的资金并不是她的，是委托她做经纪人的艺人的钱。得知情况后，该艺人第一时间就报了警，在警方的协助下，他们了解到，这个网站是在美国注册的，中国方面根本无法私自查封。D小姐悔恨万分，但事已至此，说什么也没用了，只能白白损失了这100万。

回顾这一案件，骗子能够得逞的原因是什么？是他们设计的骗局太周密，还是手段太高明？这都不是重点，真正的关键点在于，他们的骗术善于利用人性的弱点。他们抓住了D小姐惧怕权威的心理，为其量身定做了这样一个骗局。现实生活中，这样的骗局很多，随着科技的发展，骗子行骗的手段也愈发隐蔽，花样也层出不穷。我们无法左右这些事实的存在，但我们可以提醒自己对“道听途说”的消息保持警惕，尤其是那些“天上掉馅饼”的好事，更不要轻信。

家住南方某市的L女士，接到了一个匿名电话，对方自称是该市房管所的工作人员，说由于央行调整利率，银行近期降息，L女士去年购买的房子将获得8000元的退税。最后，对方还告诉L女士，目前已经到最后阶段，她们小区还没有认领。如果需要的话，速与国税局联系，进行认领，否则将被视为弃权。

有这样的好事，L女士喜出望外。她想都没想，立刻就拨通了对方提供的“国税局”的电话，那边的工作人员准确地说出了L女士的个人详细信息，这让L女士更加放心了。接着，她按照对方的语音提示，把自己银行卡上万余元款转到了对方指定的账户。接着，对方宣称由于近期银行系统升级，L女士的银行卡无法接受退税金，需要另外存入一万块钱以上的金额，才能够激活使用。至此，L女士依然被蒙在鼓里，她还没有意识到自己被骗，立刻又转了1.1万元到对方的账户。

第二次转账成功后，对方立刻挂断了电话。L女士再拨打电话，已经无法接通了。这时候，L女士才恍然大悟，自己上当受骗了。

不管骗子的花样如何变化，有一点我们始终要牢记：自己没有做过的事，不必心虚害怕；从天而降的好事，也别急着去接。遇事一定要冷静思考，搞清楚事情的因果关系和逻辑联系，不了解的时候，可以去查一查、问一问，而不能听信一面之词。许多人就是因为禁不住利益的诱惑，有贪便宜的心理，才会给骗子们可乘之机。

总之，无论外界给予我们什么样的诱惑，或是试图用什么东西来震慑我们，都不要轻易相信。控制好自己的情绪，控制好自己的欲望，时刻保持警惕，就是对骗子最有力的还击。

附录：提升拒绝力的20个实用建议

建议1：说话训练

每天安排半小时，在家里进行说话训练。你可以对着镜子来练习，假设镜子里是你最崇拜和最讨厌的人，练习如何与这两种角色沟通交流。

建议2：健身运动

选择你喜欢的运动，可以是跑步，也可以是跳绳、跑楼梯、游泳等。运动能够提升一个人的精神状态，进行积极和主动的思考。经常运动的人，很少逃避问题，也很少委曲求全。

建议3：冥想训练

每天睡前，抽出10分钟的时间，进行冥想训练。这是一件很重要的事情，你可以想象自己已经完成了目标，可以现象一些美好的画面，它们能帮你提升自信、保持乐观。

建议4：确立底线

为自己确立几条不容触碰的底线，让它们成为你的人生原则。这可以让你变得果断，不至于临时想办法，以至于为某些事丧失自己的原则。

建议5：体验痛苦

痛苦并不总是坏事，关键是对待痛苦的态度。要成长，必然得经历痛苦。不要害怕失败，也不要害怕不被喜欢，那都是人生的必修课，它们会让你变得坚强，更清楚自己想要什么。

建议6：预防风险

防患于未然，永远好过亡羊补牢。底线思维有一个重要的原则，就是懂得避开那些会给自己带来麻烦，或是有悖于自身原则的问题。

建议7：坚定信念

有什么样的信念，就有什么样的态度；有什么样的态度，就有什么样的作为；有什么样的作为，就有什么样的结果。要得到一个美好的结果，就必须树立正确的信念。

建议8：备案思维

顺利的时候想到不利，不利的时候想好退路，现行方案行不通，及时拿出备用方案。拥有备案思维，无论在工作和生活中遇到什么样的突发情况，都能从容应对。

建议9：强大自己

唯一能够限制的，是你自己的头脑。外部世界，始终是你内心世界的投射，任何的外部力量都不足以击垮你，除非你自己认输。不断强大自己，才能底气十足；如果你很虚弱，言行都会苍白无力。

建议10：实事求是

不要欺骗自己，也不要欺骗他人，这两种结果是一样的。蒙上自己的眼睛，不代表世界就一片漆黑了；蒙上他人的眼睛，也不代表光明就属于你了。

建议11：专注目标

只要你定下了属于自己的目标，就不要去管他人的眼光。我们无法堵住别人的嘴巴，但我们能掌控自己的行动。

建议12：克服恐惧

把所有的精力都放在自己想要的东西上，不要总是去关注自己在害怕什么。不然的话，恐惧一直都会缠绕你，而且会越来越强烈，直到最后把你击垮。

建议13：接受道谢

当别人真诚地向你表示感谢时，你要坦然地接受，这样能够减轻对方的心理压力。如果在帮助别人之后，又拒绝他人的谢意，反倒会让人觉得你自视清高、不好相处。

建议14：重视承诺

从许下承诺的那一刻起，你就欠别人一个神圣的交代。你做出的承诺，未必都能够做到，但一定要努力去做，尽最大的能力去兑现。若有迟疑，就不要轻易答应。

建议15：学会沉默

在与人发生争辩时，你会发现，最高贵的品质永远是沉默，最难驳倒的观点也是沉默。如果你能拥有这种品质，并尊重这样的人，你会提升人生的境界，也能看透许多东西。

建议16：正视屈辱

人生在世，不可避免地会遭受一些屈辱，如何看待它，决定着你的命运。在受到羞辱或挫折时，最好的办法是忽视它；如果不能忽视，那就蔑视它。如果两者都做不到，你就只能受辱，很难获得成功。

建议17：三思后行

如何避免做出愚蠢的决定？最简单的办法就是：做事要三思而后行，说话要想好再说。多数愚蠢的行为，都是在手脚或嘴巴比大脑行动快的时候产生的。

建议18：不畏权威

如果确认你是对的，而上司企图证明他是权威，而你对此又感到很气愤时，试着用温和的方式说出你的反对意见。不要因为害怕权威，或是担心遭到惩罚，就把无名火压在心里。

建议19：自我嘲解

被坏情绪缠上时，在怒气即将喷发出来时，不妨自我嘲解一番，自黑一把。等把自己都逗笑了，或是感到无奈的时候，你会呈现出“随他去吧”的心境。

建议20：积极回应

遇到不公正的待遇时，责骂和暴力都不是最好的解决方法。对于那些伤害你的人，要么置之不理，要么冷静而认真地告诉对方你的感受，让他明白他的言行对你造成了伤害。这种积极的回应方式，能够让对方正视自己的行为，也能弥补自己的受到的伤害。

建议21：克制虚荣

虚荣心是扭曲的自尊心。自尊追求的是真实的荣誉，虚荣追求的是虚假的荣誉。越是虚荣，就越不敢拒绝，甚至会为了面子打肿脸充胖子。少点虚荣，少点伪装，活得会更轻松。